Olaf Hinz

Der Projekt-Kapitän

Mit seemännischer Gelassenheit Projekte zum Erfolg führen

 Springer Gabler

Olaf Hinz
Hamburg, Deutschland

Dieses Buch ist eine überarbeitete und erweiterte Neuausgabe des Titels „Sicher durch den Sturm – so halten Sie als Projektmanager den Kurs", erschienen im Orell Füssli Verlag.

ISBN 978-3-658-01450-6   ISBN 978-3-658-01451-3 (eBook)
DOI 10.1007/978-3-658-01451-3

Die Deutsche Nationalbibliothek verzeichnet diese Publikation in der Deutschen Nationalbibliografie; detaillierte bibliografische Daten sind im Internet über http://dnb.d-nb.de abrufbar.

Lektorat: Juliane Wagner

Gedruckt auf säurefreiem und chlorfrei gebleichtem Papier.

Springer Gabler ist eine Marke von Springer DE. Springer DE ist Teil der Fachverlagsgruppe Springer Science+Business Media
www.springer-gabler.de

Vorwort: Auf hoher See reicht ein Kapitänspatent allein nicht aus

Als die erste Auflage dieses Buches unter dem Titel „Sicher durch den Sturm – so halten Sie als Projektmanager den Kurs" im Herbst 2009 erschien, war die Lage krisenhaft. Deshalb galt es damals vor allem tobende Stürme und raue See zu überstehen.

Heute ist das was gestern Krise war, normaler Alltag: rasch wechselnde Marktbedingungen, nutzlose Pläne, unerwartete Störungen und leider auch immer mal wieder eine Naturkatastrophe, ein Finanzmarktschock oder eine überraschende Kehrtwende der Politik.

Wenn man also mit Unkalkuliertem umzugehen hat, gestern noch existenzielle Strategien heute über Bord wirft und Pläne radikal verändert, dann kommen die „normalen" Führungskräfte heute da an, wo Projektmanager sich schon lange tummeln: in der Führung unter Unsicherheit.

Bücher über Projektmanagement könnten eine ganze Bibliothek füllen. Alles wurde schon gesagt über Projektmanagement-Software, Cockpit-Charts, gelungene Checklisten, Prozessdesign und Projektmanagementmethoden.

Deshalb geht es in diesem Buch darum nicht!

Dieses Buch wendet sich an Projektmanager, die ihr Patent schon haben, d. h. die methodischen Grundlagen kennen und beherrschen. Deren Werkzeugkoffer also gefüllt ist und die jetzt den entscheidenden Schritt machen wollen: *hin zur wirklichen Führung und nicht nur Verwaltung von Projekten!*

Nicht das Beherrschen von Instrumenten und Werkzeugen spielt daher die Hauptrolle in diesem Buch, sondern die *innere Haltung* des Projektleiters. Es geht um die Faktoren, die wirksames Führen und effektives Entscheiden unter Unsicherheit ermöglichen! Ich zeige, wie das Projektmanagement jenseits der Planwirtschaft gelingen kann. Denn die formale „Planwirtschaft" in der Projektleitung, die versucht die reale Komplexität durch Prozesse, Methoden und Tools wegzumanagen, macht Projekte zunichte, noch bevor sie sich erfolgreich entwickeln können.

Die DIN Norm definiert Projekte als „Vorhaben, das im Wesentlichen durch die Einmaligkeit der Bedingungen in Ihrer Gesamtheit gekennzeichnet ist." Eine Reise in unbekannte Gewässer also! Ich vergleiche die notwendige innere Haltung für wirksame Projektführung daher mit der Haltung eines versierten Kapitäns: Konzentriert, hellwach und mit der gebotenen Gelassenheit beobachtet er die Lage an Bord. Kommt ein Sturm auf, verfällt er nicht in operative Hektik. Stattdessen weckt er nur den Teil der Mannschaft, der in dieser Situation benötigt wird, berechnet den neuen Kurs und lenkt das Schiff souverän durch den Sturm.

Erfolgreiche Projekt-Kapitäne sind sich ihrer besonderen Rolle stets bewusst und erfüllen sie mit der notwendigen Übersicht und der klarer Fokussierung auf die vereinbarten Ziele. Statt Ihre Projektaufgabe nur zu verwalten, führen sie entschlossen und ohne operative Hektik durch den Sturm und halten so den Kurs, auch wenn das Wetter mal rau und die See stürmisch ist!

Dafür braucht es Projektleiter, die ihre Rolle kennen (Kap. 1) und mit der Persönlichkeit eines Kapitäns aktiv und variantenreich führen (Kap. 2). Es braucht neugierige und kooperationsbereite Manager, die in die Organisation herausgehen und ihren Projektauftrag schrittweise (Kap. 3) absichern und verbindlich kommunizieren (Kap. 4). Die wissen, dass Motivation nicht durch sie herbeigeführt werden kann, sondern das wirkungsvolle Zusammenarbeit durch Sinn und Zusammenhang entsteht (Kap. 5) und die – nicht zuletzt – Projekte zu leiten als etwas Evolutionäres begreifen, dass es durch verbindliche Prozesse am Rande des Chaos entlang zu steuern (Kap. 6 und 7) gilt. Denn wirksame Projektführung braucht keine Helden (Kap. 8).

Ich bin dem Springer Gabler Verlag und insbesondere Juliane Wagner dankbar, dass sie mit dieser erweiterten Neuauflage mit mir in See stechen.

Immer eine Handbreit Wasser unter dem Kiel wünscht Ihnen

Olaf Hinz
oh@hinz-wirkt.de

Inhaltsverzeichnis

An Deck hat der Kapitän das Kommando, an Land der Reeder: Ein Projekt braucht klare Rollen

1

> Für den Projekterfolg kommt es auf eine klare Rollenverteilung von Auftraggeber, Projektleiter und Projektteam an. Die Realität des Projektgeschehens ist jedoch durch Dynamiken geprägt, die diese Rollenverteilung ständig gefährden. Das Kapitel beschreibt diese Gefahren und zeigt Strategien auf, um das Gleichgewicht der Projektrollen zu wahren oder zurückzugewinnen.

Leinen los, das Schiff legt ab. Der Kapitän hat sich vergewissert, dass die Ladung nach Plan aufgenommen wurde, dass die Formalitäten erledigt, Maschinen und Geräte geprüft sind. Kurs und Zeitplan hat er mit dem Reeder besprochen, die Route ist angemeldet. Auf hoher See steuert er das Schiff in eigener Verantwortung. Zieht ein Sturm auf, hat er zu entscheiden, welche Maßnahmen zu treffen sind – ob das Schiff der Schlechtwetterfront ausweicht, einen Hafen anläuft oder mit voller Kraft dem Sturm trotzt, um den Zeitplan doch noch einzuhalten.

An Bord ist der Kapitän auf seine Mannschaft angewiesen. Der Schiffsingenieur hält ihn über den Zustand der Maschinen auf dem Laufenden, der Navigator versorgt ihn mit aktuellen Wetterdaten, der Steuermann manövriert das Schiff durch das vom Sturm aufgepeitschte Meer. Gerät der Zeitplan in Gefahr, informiert der Kapitän den Reeder – denn eine Verspätung verursacht hohe Kosten. Erreicht das Schiff nämlich den Zielhafen nicht zur geplanten Zeit, ist die vorgesehene Anlegestelle bereits wieder belegt, und es kann Tage dauern, bis es möglich wird, die Ladung zu löschen.

Das Zusammenspiel zwischen Reeder und Kapitän ist geregelt. Der Kapitän weiß, dass er im Falle eines ernsthaften Problems den Reeder anrufen und ihm die Situation schildern muss – auch wenn er sich gerade mitten auf dem Atlantik befindet. Er weiß aber auch, dass der Reeder seine Entscheidung akzeptieren wird, denn

O. Hinz, *Der Projekt-Kapitän*, DOI 10.1007/978-3-658-01451-3_1,
© Springer Fachmedien Wiesbaden 2013

beide Seiten haben schon im Vorfeld festgelegt: Im Zweifelsfall hat der Kapitän so zu entscheiden, dass Sicherheit vor Termin geht.

Reeder, Kapitän und Mannschaft – alle drei haben sich für eine bestimmte Zeit zusammengefunden. Sie übernehmen klar definierte Rollen. Dabei weiß die Mannschaft: An Deck hat der Kapitän das Kommando, an Land der Reeder.

Wie in der Seefahrt, so ist es im Projektmanagement: Auch ein Projekt bedeutet eine Zusammenarbeit auf Zeit. Wie der Kapitän seine Mannschaft, so steuert der Projektleiter sein Team. Wie der Kapitän bei einem schweren Sturm seinen Reeder unterrichtet, so informiert der Projektleiter seinen Auftraggeber, wenn unerwartete Schwierigkeiten den Projekterfolg gefährden. Der Kapitän ist auf das Wissen seiner Mannschaft angewiesen, der Projektleiter benötigt die Expertise seines Teams.

Zusammenarbeit auf Zeit – das bedeutet, dass Mitarbeiter miteinander auskommen müssen, die sich wenig oder gar nicht kennen. Individuelle Persönlichkeiten mit eigenen Arbeitsweisen aus unterschiedlichen Fachabteilungen treffen im Projekt unvermittelt aufeinander. Umso wichtiger ist daher eine klare Rollen- und Aufgabenverteilung. Nur so lassen sich ineffiziente Findungs- und Konfliktprozesse minimieren. Es ist wie in der Seefahrt: An Bord hat jeder seinen Platz und seinen Job!

Ein einfaches Modell, das PM-Dreieck, zeigt, welche Einflüsse das Rollengleichgewicht stören und so den Projekterfolg gefährden – und mit welchen Maßnahmen sich die Balance wiedergewinnen lässt (Hinz 2007).

1.1 Rollenverteilung im Projekt: Das PM-Dreieck

1.1.1 Der Auftraggeber: Entscheidungsmacht und politischer Einfluss

Der Auftraggeber führt im Hintergrund Regie. Seine Kernaufgabe ist die „strategische Passung": Er muss dafür sorgen, dass das Projektziel zum Gesamtziel des Unternehmens passt. Nehmen wir an, ein Saatguthersteller züchtet fünf verschiedene Getreidesorten. Eine der Sparten ist auf Mais spezialisiert, und deren Leiter sieht die Chance, den Porsche unter den Maiszüchtungen zu schaffen. Aus seiner Sicht ein phantastisches Projekt, das unbedingt realisiert werden muss. Die Unternehmensleitung überblickt jedoch alle fünf Sparten und sieht die besseren Marktchancen an anderer Stelle – sie setzt auf Raps statt auf Mais.

Genau hier beginnt die Rolle des Auftraggebers, in diesem Fall der Unternehmensleitung. Sie setzt die Priorität und entscheidet, welche Projekte aufgelegt werden. Der Projektleiter aus der Maissparte würde immer das Mais-Projekt favorisieren. In seiner Informationswelt ist diese Haltung rational und richtig. Ginge es nach seinem Willen, würde das Maisprojekt für die nächsten zwölf Monate sämtliche Laborkapazitäten belegen, die der Spartenleiter für Raps ebenfalls für sich reklamiert. Es bedarf also der Regiefunktion einer nächsthöheren Instanz. Diese Rolle kommt dem Auftraggeber zu. Dieser definiert das Projekt, gibt den Anstoß – und ist erster Ansprechpartner für die Projektleitung, wenn es um zentrale Entscheidungen geht. Er entscheidet in letzter Instanz über Ziele, Ressourcen und damit über den Inhalt des Projektauftrages. Mit seiner Macht und seinem Einfluss positioniert er das Projektziel innerhalb der Organisation und ermöglicht so erst den Zugriff auf die erforderlichen internen Ressourcen.

Darin liegt auch der Grund, warum ein Auftraggeber grundsätzlich aus der Linienorganisation kommen sollte: Dank seiner Hierarchiemacht kann er Personal sowie Geld- und Sachmittel für das Projekt zur Verfügung stellen. Zugleich stellt er durch seine Position sicher, dass das Projekt strategiekonform zur Gesamtorganisation ist. Im Gegenzug darf der Auftraggeber vom operativen Projektteam (Leitung und Spezialisten) kontinuierliche und exklusive Informationen sowie die Vorlage aller Entscheidungen, die Macht und Einfluss erfordern, erwarten.

Zum Vergleich: Der Reeder bestimmt das Ziel. Er legt fest, womit das Schiff beladen wird und welche Linien es fährt. Da hilft es nicht, wenn der Kapitän am liebsten Stückgut nach Rio transportiert, weil er dort ein Mädchen hat. Wenn der Reeder zu dem Schluss kommt, dass er das Osteuropa-Geschäft ankurbeln will, gibt es keine Diskussion: Der Kapitän schippert künftig durch die Ostsee nach St. Petersburg – auch wenn er selbst niemals so entschieden hätte.

1.1.2 Der Projektleiter: Unentscheidbare Entscheidungen

Der Projektleiter führt das Team der Spezialisten und managt den komplexen Projektprozess. Dabei steht er vor der Aufgabe, eine neue Lösung für ein zumindest teilweise unbekanntes Thema in Teamarbeit zu finden. Dieser Entwicklungsprozess ruft bei den Beteiligten oft Unsicherheit und Widerstand hervor. So gesehen wird die Projektleitung zu einer fachlich, psychologisch und politisch anspruchsvollen Führungsaufgabe, die wohl kaum „exakt, vollkommen und richtig" zu erfüllen ist. Ein Projektleiter steht vielmehr vor dem typischen Problem der Führung in komplexen Systemen – er hat es mit sogenannten unentscheidbaren Entscheidungen zu tun (Backhausen und Thommen 2004; von Förster 1993).

Was ist damit gemeint? Auf eine unentscheidbare Frage gibt es keine eindeutige, zum Beispiel im Organisationshandbuch festgelegte Antwort. Hier muss die Führungskraft Mühe und Risiko des Entscheidens selbst übernehmen. Das heißt:

In einer Situation, in der ein festgelegter Regelprozess nicht greift, werden Fachleute verschiedene Vorschläge entwickeln, was zu tun ist. Jeder Vorschlag leuchtet in gewisser Weise ein, der Führungskraft werden am Ende zwei oder drei durchaus plausible Alternativen vorliegen. Und die Mitarbeiter werden drängen: „Wie machen wir es denn jetzt, Chef?" Und der muss dann eine unentscheidbare Entscheidung treffen. Das bedeutet, dass er unter Unsicherheit handelt und das Risiko trägt.

Genau wie der Kapitän auf See: Wenn eine Sturmfront aufzieht, laufen bei ihm die Informationen zusammen. Der Maschinist meldet, das Schiff könnte mit höherer Leistung fahren, um gegen Wind und Strömung anzukommen. Allerdings läge die Belastung dann im roten Bereich. Er könne nicht garantieren, dass die Motoren das durchhalten, fügt der Maschinist hinzu. Der Zeitplan ließe sich dadurch einhalten, legt der Navigator dar. Würde man den Sturm dagegen umfahren, wäre eine erhebliche Verspätung unvermeidlich. Dem Kapitän liegen zwei sinnvolle Alternativen vor. Er muss nun entscheiden, was wichtiger ist: das Einhalten des Fahrplans oder Stabilität und Sicherheit.

Unentscheidbare Entscheidungen kommen in Projekten häufig vor – weit häufiger als in der Linie. Das liegt in der Natur eines Projekts, das sich ja qua definitionem mit Neuem und Unbekanntem befasst. Linienfunktionen wie Vertrieb, Verkauf oder Buchhaltung sind klar beschriebene Regeltätigkeiten, bei denen solche Führungsentscheidungen vergleichsweise selten auftreten. Wer die Rolle des Projektleiters übernimmt, muss sich dagegen darüber im Klaren sein: In Projekten genügt es nicht, die Regeln des Projektmanagement-Handbuchs zu kennen – mit Sicherheit werden unentscheidbare Probleme auftreten, die eine besondere Führungskompetenz erfordern.

Das häufige Auftreten unentscheidbarer Entscheidungen macht deutlich, dass eine Komplexitätsgrenze überschritten wird, ab der Verhalten und Fortgang eines Projekts nicht mehr berechnet und geplant, sondern nur noch prognostiziert und gesteuert werden können. Es gibt keine Checklisten mehr, an denen man sich festhalten kann. Ein Projektleiter, der mit einer unentscheidbaren Entscheidung konfrontiert ist, kann letztlich nur auf sein Erfahrungswissen zurückgreifen – also auf Erfahrungen aus vergleichbaren Situationen. Er muss auf der Basis von Prognosen und des Abgleichs mit seinem Erfahrungswissen Entscheidungen treffen. Dabei geht er immer das Risiko ein, falsch zu entscheiden. Denn welche Alternative die wirklich richtige ist, kann er bei einer unentscheidbaren Entscheidung nicht wissen.

Um das Komplexitätsrisiko zu reduzieren, bedient sich ein Projektleiter in der Regel einer Projektorganisation und vielerlei Tools, die ihn insbesondere bei den Aufgaben Planung, Strukturierung, Steuerung und Kontrolle unterstützen. In der Führungsrolle hält er „die Fäden zusammen", regelt den Zugriff auf knappe Ressourcen und koordiniert die Arbeitsteilung im Projektteam so, dass das Projektziel und die Terminvorgabe des Auftraggebers erreicht werden. All das gelingt dem Projektleiter nur, wenn er in sämtliche Abstimmungs- und Entscheidungsprozesse aktiv oder zumindest durch ein Ergebnisprotokoll eingebunden ist. Den Projektleiter zu informieren ist damit sowohl für den Auftraggeber wie auch für die Teammitglieder eine Bringschuld.

1.1.3   Das Projektteam: Spezialisten unter sich

Die Spezialisten bilden das Projektteam und bringen das Wissen der Organisation in das Projekt ein. Sie erarbeiten die fachlichen Komponenten der Projektaufgabe und sind die Lieferanten für die inhaltliche Lösung.

Die Arbeit im Projekt bietet den Spezialisten mehr Freiheiten und Spielräume als die Tätigkeit in der Linie, aber auch größere Unsicherheiten. Es ist wie bei einer Expedition durch einen nächtlichen Wald: Die Teilnehmer sehen immer nur das, was die Taschenlampe ausleuchtet. Es gibt Menschen, denen eine solche Suche nach Neuem Spaß macht, während andere lieber jeden Tag durch den vertrauten und hell erleuchteten Korridor gehen, bei dem sie genau wissen, welche Tür wohin führt.

Wer als Projektmitarbeiter den Korridor bevorzugt, also gerne in einer von Regeln geprägten Umgebung arbeitet, wird sich in sehr komplexen Projekten unwohl und überfordert fühlen. In einem Projekt mit niedrigem Komplexitätsgrad, zum Beispiel bei der Anpassung eines Serienproduktes an einen Kundenwunsch, kann er mit seinem Spezialwissen aber durchaus gute Arbeit leisten; für bestimme Aufgaben wie etwa die technische Dokumentation ist er sogar hervorragend geeignet. Auch hier ist es wie in der Seefahrt: Wenn der Erste Offizier auf der Brücke immer das Seemannshandbuch unterm Arm trägt und bei einem plötzlichen Sturm erst einmal anfängt, die grundlegenden Regeln des Seehandwerks nachzuschlagen, hilft er damit der übrigen Mannschaft wenig. Für eine Atlantiküberquerung ist dieser Typ Offizier fehl am Platz – an Bord einer Fähre, die über einen kleinen Kanal setzt, aber vielleicht durchaus geeignet.

Es gilt, die Spezialisten eines Projekts aktiv einzubinden. Nur wenn sie ihre Ideen im Team einbringen können und dafür Wertschätzung erfahren, werden sie Engagement für die Projektmitarbeit entwickeln. Das Projekt muss ihnen Freiraum und Herausforderung bieten, wie sie es in der täglichen Sachbearbeitung nicht finden – erst dann entstehen Motivation und der notwendige Mut zum Risiko.

Damit die Spezialisten mit dieser Freiheit effizient umgehen, brauchen sie ein hohes Maß an Selbstdisziplin und Selbstmanagement. Denn sie entscheiden aus ihrer fachlichen Beurteilung heraus eigenständig, ob und wann sie die Projektleitung über den Stand ihrer Arbeit oder über Probleme informieren. Eine Ausnahme bilden die typischen Meilensteine, an denen das Berichtswesen bereits fest verankert ist.

1.2   Gefährliche Rollenspiele: Dynamik im PM-Dreieck

Nun ist Projektmanagement kein bürokratischer Prozess, der stur abgearbeitet wird, sondern eine dynamische Form, neuartige Themen zu bearbeiten. Daher kommt es häufig vor, dass das PM-Dreieck aus dem Gleichgewicht gerät und die fest definierten Rollen „ins Rutschen kommen". Diese Dynamiken gilt es zu erkennen und zu managen – ansonsten gerät der Projekterfolg in höchste Gefahr.

Grundsätzlich gibt es vier typische Entwicklungen, die das PM-Dreieck aus der Balance bringen können (Hinz 2007):

• Der Projektleiter schwingt sich zum Alleskönner auf.
• Ein Teammitglied macht sich zum heimlichen Anführer des Teams.
• Der Auftraggeber fühlt sich als Übervater.
• Der Projektleiter verhält sich als oberster Sachbearbeiter.

1.2.1   Der Alleskönner: Grandioses Handeln im Namen des Auftraggebers

Der Alleskönner vereint die Rolle von Auftraggeber und Projektleitung in einer Person. Dies geschieht meist aus dem Antrieb heraus, die Fahrt des Projektschiffes zu beschleunigen und dem Auftraggeber „Lästiges" von der Hand zu halten. Indem er die Rolle des Auftraggebers mit übernimmt, entscheidet der Projektleiter über seine eigenen Vorschläge praktischerweise auch gleich selbst!

Es gibt zwei Konstellationen, die das PM-Dreieck häufig in Richtung Alleskönner ins Rutschen bringen. Da gibt es zum einen die Experten, die ihr überlegenes Wissen ausspielen. Typische Situation: Ein Forscher erhält den Auftrag, im Unternehmen sein eigenes Patent umzusetzen, und wird zum Projektleiter bestimmt. Oder das Unternehmen wirbt von der Konkurrenz einen Spezialisten ab, der eine besondere Kompetenz mitbringt. Um es überspitzt an einem Beispiel zu verdeutlichen: Eine Werft, die künftig auch Windräder herstellen möchte, kauft sich einen Konstrukteur aus der Branche ein, der das Projekt leiten soll. Da wenige im Unternehmen Ahnung von Windrädern haben, gewinnt der Projektleiter schnell an

Einfluss – und die Gefahr ist groß, dass er mehr und mehr auch die Rolle des Auftraggebers übernimmt.

Die zweite Konstellation hat mit der Persönlichkeit des Projektleiters zu tun: In der Rolle des Alleskönners trifft man gerne den überfürsorglichen Projektleiter. Sein Anliegen ist es, sich um das Wohl der Teammitglieder zu kümmern. Er möchte, dass alle zufrieden sind und die Dinge gut laufen. An sich sind diese Anliegen für den Projekterfolg durchaus nützlich. Das Problem beginnt jedoch, wenn der Projektleiter diese Fürsorge auch dem Auftraggeber gegenüber an den Tag legt und glaubt, diesem die Arbeit abnehmen zu müssen – etwa nach dem Motto: „Der Vorstand ist so beschäftigt, ist immer unterwegs und hat ja noch andere wichtige Aufgaben – ihn behellige ich jetzt nicht." Der Projektleiter trifft dann auch Entscheidungen, bei denen er genau weiß, dass er eigentlich den Auftraggeber einbeziehen müsste. „Ich hab's ja im Griff", denkt er in der Grandiosität des Alleskönners. „Da schicke ich dem Vorstand eine Mail, dass ich das so entschieden habe. Er wird sich dann freuen, dass ich ihn entlastet habe."

Natürlich hängt es auch vom Auftraggeber ab, ob der Alleskönner das PM-Dreieck wirklich aus der Balance bringt. Erst wenn der Auftraggeber ihn gewähren lässt, fühlt der Projektleiter sich in seinem Verhalten bestätigt und wächst immer weiter in seine Alleskönner-Rolle hinein. Dem Auftraggeber entgleitet dann die Kontrolle über das Projekt, was am Ende dem gesamten Unternehmen schaden kann.

Gleitet die Balance des PM-Dreiecks in Richtung „Alleskönner" ab, wird ein handwerkliches Grundprinzip der Projektarbeit ausgehebelt – nämlich die Trennung von Entscheidung und Lösungsfindung beziehungsweise von hierarchischer Macht und Prozessmanagement. Dieses Prinzip hat sich in komplexen Systemen bewährt: Immer wenn es um zentrale Organisationsentscheidungen wie Zielrevision, Ressourcenzuweisung oder Strategiekonformität geht, -nutzen professionelle Organisationen die Trennung von Entscheidungsvorbereitung und eigentlicher Entscheidung als Checks-and-Balances-Methode.

In der Projektarbeit bedeutet ein effektives Risikomanagement vor allem eines: Der Auftraggeber überprüft die ihm vorgelegten Alternativen in eigener Verantwortung. Die darauf folgende Diskussion mit der Projektleitung stellt sicher, dass alle relevanten Variablen – und nicht nur die Sicht des Projekts – in die Entscheidung einbezogen werden.

1.2.2 Der heimliche Anführer: Den Projektleiter entmachten

Mit einem heimlichen Anführer ist ein Spezialist aus dem Projektteam gemeint, der den formellen Projektleiter übergeht. Meist bildet er sich aus dem Kreis der Mannschaft dann heraus, wenn das Projekt überwiegend fachlich orientiert, von kurzer Dauer und die Teilnehmerzahl klein ist. Jetzt komme es darauf an, dass das Projekt von jemandem geleitet werde, der „von der Sache" am meisten versteht – so heißt es dann aus der Ecke des heimlichen Anführers. Fachliche Notwendigkeiten und technische Zwänge bestimmen die Projektdiskussionen, in denen der formelle Projektleiter gerne eher einer laufenden Fachkunde-Prüfung unterzogen als respektiert wird.

Die Rollendynamik des heimlichen Anführers wirkt sich innerhalb des PM-Dreieckes negativ aus. „Das geht technisch nicht anders", argumentiert der heimliche Anführer und beginnt, die Ziele des Projekts neu zu definieren. Einzelne Schritte spricht er immer seltener mit dem Projektleiter ab, sondern nimmt stattdessen direkt Einfluss auf die Gruppe. Er entwickelt sich zum Ansprechpartner, den man bei Problemen als Ersten fragt. Der Projektleiter wird in seiner Rolle immer mehr in Frage gestellt und durch die informelle Projektleitung des heimlichen Anführers ersetzt. Im Team herrscht bald Unklarheit, welche Entscheidungen gelten und welche diskutierbar sind: Resignation macht sich breit, die Risikobereitschaft nimmt ab.

Wenn sich der Auftraggeber in dieser Situation weiterhin an die Spielregeln hält, wird er nach wie vor mit der Projektleitung kommunizieren und erwarten, von ihr mit Informationen und Entscheidungsvorschlägen versorgt zu werden. Doch diese Kommunikation zwischen Auftraggeber und Projektmanager ist nun von der Projektrealität entkoppelt, in der ein heimlicher Anführer das Projektschiff vielleicht schon auf einen anderen Kurs steuert. Die Folgen können schwerwiegend sein: Das Projektergebnis fällt zwar technisch „richtig" aus, ist aber weder ziel- noch strategiekonform. Die berühmte Arbeit „für die Tonne"!

Nun sollte der Projektleiter ein erfahrenes Teammitglied nicht gleich als heimlichen Anführer fürchten. Schließlich benötigt er dessen Wissen für den Projekterfolg. Wenn ein Mitarbeiter technische Notwendigkeiten darlegt, bedeutet das ja nicht unbedingt, dass er damit Machtspiele im Sinn hat. Ein guter Projektleiter macht Teammitglieder, die zum heimlichen Anführer tendieren, nicht einfach mundtot, sondern verweist sie auf ihre Rolle. Er versteht es, ihr Wissen und ihre Erfahrung für das Projekt zu nutzen. Genau wie in der Seefahrt: Da gibt es den erfahrenen Steuermann, der eine Route schon fünfzigmal gefahren ist – und der Kapitän, der sie erst zum dritten Mal fährt, tut gut daran, auf dessen Rat zu hören. Allerdings wird er darauf achten, dass der Steuermann den Kurs nicht allein bestimmt.

1.2.3   Der Übervater: Das Gegenteil von gut ist gut gemeint

Wenn sich der Auftraggeber nicht mit seiner Rolle als Machtpromotor begnügt, wird er schnell zum Übervater des Projekts. Typisches Beispiel ist der Auftraggeber, der mit dem Projekt ein eigenes Patent industriell umsetzen will. Er wird fast zwangsläufig zum Übervater – schließlich geht es hier um sein Baby. Immer wieder wird er die Werkstatt aufsuchen, Anregungen geben und Vorschläge machen, die sofort ausgeführt werden. Es handelt sich ja um den Patentinhaber, der zudem hierarchisch über dem Projektleiter steht.

Meist ist es kein böser Wille, dass der Auftraggeber dabei den Projektleiter übergeht. Die Vorschläge sind gut gemeint und den Projektleiter möchte er nicht unnötig belasten. Nur: Gut gemeint ist hier das Gegenteil von gut. Denn immer wenn sich das Top-Management in das Tagesgeschäft einschaltet, werden die Mitarbeiter darin eine Ausnahmesituation sehen. Der Durchgriff an der Projektleitung vorbei ist zwar legitim, hinterlässt aber nachhaltige Irritationen an der Basis. In der Überzeugung, dass etwas Außergewöhnliches passiert sein muss, wenn sich der Unternehmenschef selbst in das Tagesgeschäft einschaltet, wird sich die Aufmerksamkeit der Mannschaft vor allem auf dessen Vorschläge richten.

Ein solcher Eingriff in das Gleichgewicht des PM-Dreiecks birgt zwei wesentliche Risiken: Erstens ist bei einer unabgestimmten Intervention des Auftraggebers nicht sichergestellt, dass die übrige Projektorganisation auf die neue Lage sinnvoll reagiert. Es ist unwahrscheinlich, dass dem Vorstand alle relevanten Vorgänger-Nachfolger-Beziehungen bekannt sind und ihm damit die Wirkung seines Verhaltens auf das Gesamtprojekt bewusst ist.

Zweitens ist die Umgehung des Projektleiters ein irritierendes Signal an das Projektteam. Klassische Erklärungsmuster nach dem Motto „Der Chef muss eingreifen, weil es der Projektleiter nicht schafft" untergraben die Autorität der Projektleitung. Wenn sich der Auftraggeber im Nachgang wieder an die Rollenverteilung hält und dem Projektleiter den Prozess überlässt, ist dieser vielleicht nicht mehr in der Lage, sich Gehör zu verschaffen.

Für den Auftraggeber gilt auch hier ein Grundprinzip aus der Seefahrt: An Deck hat der Kapitän das Kommando, an Land der Reeder.

1.2.4   Der oberste Sachbearbeiter: Bleiben wir doch sachlich!

Der Klassiker der Rollendynamik im PM-Dreieck ist der Projektleiter als „oberster Sachbearbeiter". Der Keim für die Fehlentwicklung liegt meist schon bei der Ernennung der Projektleitung: Das Unternehmen rekrutiert den Projektleiter aus dem Reservoir der Spezialisten, aus dem sich später auch das Projektteam speist. Mit neuer Rolle und Aufgabe ausgestattet, macht sich der frisch gekürte Projektleiter mit seinen bewährten Erfolgsmethoden an die Arbeit – und stürzt sich wie selbstverständlich in die Fachdiskussion. Seine eigentliche Rolle als Führungskraft nimmt er nicht wahr. Dieses Fehlverhalten verstärkt sich sogar, sobald er unsicheres Terrain betritt: Aus Sicherheitsgründen zieht er sich dann umso mehr auf sein technisches Heimspielfeld zurück.

Wie schnell ein Projektleiter zum obersten Sachbearbeiter werden kann, lässt sich am fiktiven Beispiel der Werft, die ein Windrad entwickeln möchte, deutlich machen: Der hierfür von der Industrie eingekaufte Experte kann einerseits schnell die Rolle des Alleskönners einnehmen. Je nach Persönlichkeit kann er aber auch in die Rolle des obersten Sachbearbeiters abrutschen – in dem Sinne, dass er sagt: „In dieser Werft seid ihr alle viel zu blöd, hier muss man ja alles selber machen!" Dieses Abgleiten in die Rolle des obersten Sachbearbeiters droht immer dann, wenn ein Projektleiter aufgrund seiner Herkunft und Persönlichkeit die Fachkompetenz über die Managementkompetenz stellt.

Ich beobachte, dass Techniker mit sehr hohem Qualitätsanspruch zur Rolle des obersten Sachbearbeiters verführbar sind. Sie reißen Aufgaben an sich, weil ihnen die Qualität ihrer Teammitarbeiter nicht genügt. Ganz ähnlich ist es bei Projektleitern, die mit ihrem Team ein eigenes Patent umsetzen wollen: Auch ihnen können es die Teammitglieder oft nicht recht machen. Als Patentinhaber haben sie detaillierte Vorstellungen von der Funktionsweise ihrer Erfindung – und glauben dann, dass nur sie selbst das Vorhaben richtig umsetzen können.

Die Folgen sind gravierend. Wenn ein oberster Sachbearbeiter ein Projekt leitet, kommt es zu einem faktischen Führungsvakuum im Projekt. Emotionale und gruppendynamische Unwägbarkeiten werden ausgeblendet oder einer Pseudo-Kontrolle durch Checklisten und einer rein auf der funktionalen Ebene bleibenden Gesprächsführung unterworfen. Diese Vorgehensweise führt nicht zu einer effektiven Projektarbeit, sondern lässt neue zwischenmenschliche Probleme und die Sehnsucht nach Führung entstehen. Der „Selbstbefassungsgrad" des Projektteams steigt, während die Projektaufgaben leiden.

1.3   Die Balance wiederfinden: Jedem seine Rolle

Die geschilderten Dynamiken haben vor allem eines gemeinsam: Wenn man nicht rechtzeitig gegensteuert, drohen Rollenkonflikte, die schnell den Projekterfolg insgesamt gefährden. Deshalb ist es wichtig, auf entsprechende Signale zu achten – und dann zügig Maßnahmen zur Korrektur einzuleiten.

1.3.1 Auf Warnzeichen achten

Damit die Dynamik des PM-Dreiecks das Projekt nicht gefährdet, sollten die Beteiligten auf Warnzeichen achten. Je nach Konstellation sind hier Projektleiter, Auftraggeber oder das Projektteam gefordert.

Der Projektleiter sollte sein Augenmerk in zwei Richtungen lenken: Zum einen muss er darauf achten, dass der Auftraggeber sich nicht als Übervater in das Projektgeschehen einmischt; zum anderen darf er es auch nicht zulassen, dass sich aus dem Projektteam ein heimlicher Anführer herausbildet. Folgende Warnzeichen können helfen, die Gefahr rechtzeitig zu erkennen:

Dem Projektleiter werden immer öfter Entscheidungsvorschläge vorgelegt mit dem Vermerk, diese seien bereits abgestimmt – entweder mit dem Auftraggeber oder einem bestimmten Teammitglied. Ersteres deutet auf einen Übervater, Letzteres auf einen heimlichen Anführer hin.

Der Projektleiter findet sich in Situationen wieder, in denen er sich übergangen fühlt – und sich fragt: Wer hat das entschieden, warum weiß ich das nicht? Wenn er dann Ausflüchte hört nach der Art „Das haben wir immer schon so gemacht" oder man sich immer öfter auf einen Dritten bezieht, sollte er hellhörig werden.

Der Auftraggeber erkennt den Alleskönner Projektleiter daran, dass er als Auftraggeber zu wenig mit dem Projekt befasst wird und ihn Informationen nicht erreichen. Folgende Warnzeichen sollten ihn alarmieren:

- Die Meilensteine degenerieren zu schönen Präsentationen, bei denen nur noch über den Projektstand berichtet wird, aber keine oder nur noch sehr wenige Entscheidungsvorlagen eingebracht werden.
- Der Projektleiter verwendet auffallend oft Formulierungen wie: „Darum habe ich mich schon gekümmert", „Ich wollte Sie nur informieren", „Ich habe Folgendes geregelt, ich denke, Sie waren einverstanden … ", „Ihr Einverständnis vorausgesetzt, habe ich schon einmal … ".

Das Projektteam ist gefordert, wenn der Projektleiter die Rolle eines obersten Sachbearbeiters einnimmt. Warnzeichen ist hier, wenn der Projektleiter sich um Details kümmert und Einzelheiten nachfragt, die so im Berichtswesen nicht vereinbart waren. Die Teammitglieder sollten alarmiert sein, wenn sie sich bei der Umsetzung ihrer Auf-gaben erheblich eingeschränkt fühlen, etwa wenn sie den Eindruck haben: „Der regiert mir ständig rein. Ich kann alleine Fahrrad fahren – und jetzt will er mir auch noch erklären, wie das geht."

1.3.2 Rollenklärung durch verbindliche Konfrontation

Wie lässt sich nun das PM-Dreieck wieder ins Gleichgewicht zurückführen? Ein wichtiges Instrument, das in allen genannten Konstellationen eingesetzt werden kann, ist die „verbindliche Konfrontation" (Hinz 2008). Keine Frage: Wer einen heimlichen Anführer, Übervater, Alleskönner oder obersten Sachbearbeiter mit einem von der Rolle abweichenden Verhalten konfrontieren muss, hat oft ein unangenehmes Gespräch zu führen. Das folgende Schema der „3-B-Regelung" mit den Phasen Beobachtung, Bedeutung und Bewertung zeigt den Weg für eine professionelle Rollenkonfrontation.

1. Phase: Beobachtung Schildern Sie den Sachverhalt oder das Verhalten, das Ihnen kritisch erscheint. Beschreiben Sie konkret und möglichst zeitnah, was Sie wahrgenommen haben. Wahrnehmung ist hier im strengen Verständnis des Erlebens mit den Sinnesorganen gemeint: Hören, Sehen, Riechen, Schmecken. In dieser Phase ist es wichtig, dafür zu sorgen, dass das Beobachtete unstrittig wird, weil es beide erlebt haben. Dieses „So haben wir beide es wahrgenommen" schafft die gemeinsame Grundlage für die nächsten Schritte.

2. Phase: Bedeutung Schildern Sie die Auswirkungen auf das Projekt, die Sie beobachten, befürchten oder erwarten. Sagen Sie, was das für Sie bedeutet. Sie können die rein sachlichen Konsequenzen beschreiben, Sie sollten aber auch Ihren Ärger oder andere Gefühle ansprechen und zeigen. Überlegen Sie, was Ihnen in dieser speziellen Situation angemessen und erfolgversprechend erscheint. Sprechen Sie dabei von sich, das heißt in Ich-Botschaften – und vermeiden Sie Verallgemeinerungen und Vermutungen wie zum Beispiel „immer", „man" oder „vielleicht".

3. Phase: Bewertung Beschreiben Sie konkret, welchen Veränderungswunsch Sie an den Gesprächspartner richten. Beschreiben Sie genau, wie sein Verhalten oder der Sachverhalt aussehen soll. Begriffe wie „besser" oder „schneller" geben keine Orientierung. Sie sind subjektiv und unterschiedlich interpretierbar. Sagen Sie deshalb genau, woran Sie „besser" messen.

Falls es erforderlich erscheint, den Veränderungswunsch des kritisierten Verhaltens mit Konsequenzen zu versehen, dann bleiben Sie auch hier anschaulich. Erläutern Sie detailliert die Konsequenzen, die Sie ziehen werden, wenn es zur Wiederholung kommt. Hüten Sie sich vor Drohungen und pauschalen Maßnahmen, sondern bleiben Sie konkret beim Projekt und bei der Person.

Grundsätzlich gilt: Beteiligen Sie Ihren Gesprächspartner an der Lösung und holen Sie seinen Kommentar dazu ein. Geeignete Fragen sind: Wie stehen Sie dazu?

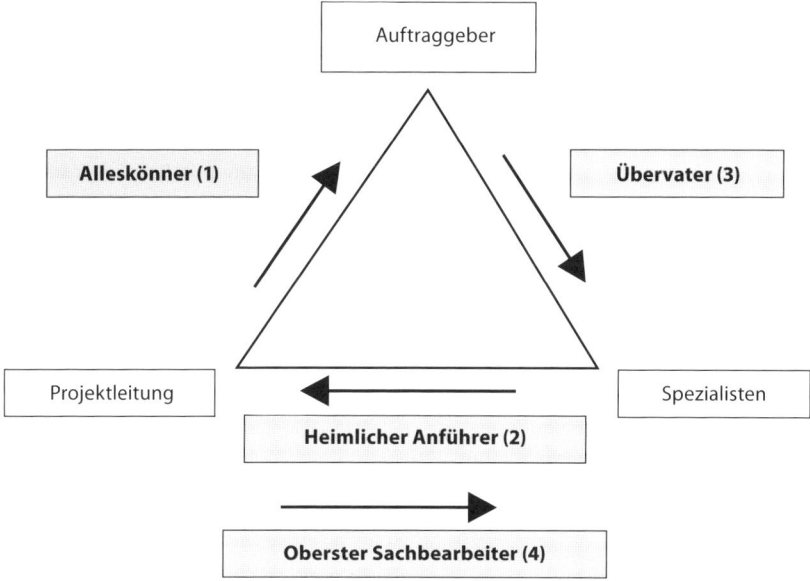

Abb. 1.1 Typische Ungleichgewichte im PM-Dreieck

Welche Lösung können Sie sich vorstellen? Ist das ein Weg? Haben Sie andere Ideen? Sind Sie einverstanden? Sind Sie dazu bereit?

Ziel der verbindlichen Konfrontation ist es, eine Vereinbarung zu erreichen, statt lediglich eine Anordnung zu treffen. Meistens kann Ihr Gesprächspartner dabei selbst eine Lösungsmöglichkeit entwickeln, die Ihren Zielen entspricht. Sie sollten also besonders in Phase 3 des Gespräches zunächst Fragen stellen und die Reaktion abwarten.

1.3.3 Das PM-Dreieck managen

Was bedeutet das konkret im Falle des PM-Dreiecks? Wie kann man die drei Protagonisten des Dreiecks managen, damit sie zu ihrer Rolle zurückfinden? (vgl. Abb. 1.1).

Einem Alleskönner begegnet sein Umfeld am besten dadurch, dass man ihn mit seinem Verhalten konfrontiert. Dies geschieht zunächst auf kollegial-freundschaft-liche Weise aus dem Team heraus, indem ironische Bemerkungen oder Witzeleien

(„Da kommt der Chef!", „Der Meister hat gesprochen") auf den Umstand hinweisen, dass der Projektleiter seinen Rolleneinfluss vergrößert. Reicht diese Art von Hinweis nicht aus, so ist der Auftraggeber gefordert, sich seine Kompetenzen zurückzuholen. In einem klärenden Gespräch nach dem Muster der verbindlichen Konfrontation wird ein wohlwollender Auftraggeber darauf hinweisen, dass er der vorauseilenden Fürsorge des Projektleiters nicht bedarf.

Einem heimlichen Anführer sollte ein Projektleiter mit professioneller Distanz begegnen. Zudem wird es auch hier erforderlich sein, das Instrument der verbindlichen Konfrontation einzusetzen. Im Gespräch sollte der Projektleiter auf die notwendigen Aufgaben der Projektleitung hinweisen und deutlich machen, dass diese den Erfolg des Projekts genauso befördern wie die exzellente Fachkompetenz seines Gesprächspartners.

Für den Projektleiter kommt es darauf an, einem heimlichen Anführer entschieden entgegenzutreten. Wenn ihm das nicht gelingt und er seine Rolle nicht zurückgewinnt, muss er damit rechnen, dass der Auftraggeber das PM-Dreieck auf radikale Weise wieder ins Gleichgewicht bringt: Er benennt den heimlichen Anführer offiziell zum neuen Projektleiter. Das kann eine durchaus vernünftige Lösung sein. Die ursprüngliche Konstellation ist kein Dogma – die Dynamik des PM-Dreiecks kann im Extremfall auch zu einer neuen Rollenverteilung führen.

Bei den Übervätern sollte man sich klarmachen, dass es meist nicht ihre Absicht ist, den Projektleiter zu umgehen. Oft sind es die alten Haudegen, die den Kontakt zur Basis halten und sich ihren Mitarbeitern zeigen wollen. Dass sie mit ihren gut gemeinten Vorschlägen vor Ort eine Menge Unheil anrichten, ist ihnen nicht bewusst. In der Regel hilft es schon, wenn der Projektleiter den Übervater freundlich, aber bestimmt mit den Folgen seines Tuns konfrontiert.

Angesagt ist also ein professionelles Gespräch unter vier Augen, das wiederum den Regeln der professionellen Rollenkonfrontation folgt. Mit Hilfe eines konkreten Beispiels führt der Projektleiter vor Augen, wie wichtig für den Projekterfolg der geregelte Informationsfluss über die Projektleitung ist. Natürlich kommt es bei einem Gespräch „die Hierarchietreppe hinauf" auf gute Gesprächsführung und Fingerspitzengefühl an, damit die notwendige Rollenklärung nicht zum Affront wird. Damit das gelingt, sind drei Regeln empfehlenswert: Der Projektleiter

- ist in seiner Argumentation verbindlich, das heißt er berichtet in Ich-Botschaften von seinem persönlichen Anliegen;
- legt entlang eigener Beobachtungen seine Schlussfolgerungen offen;
- entnimmt dem Handeln des Gesprächspartners die positiven Elemente und lässt sich von dessen „Fehlern" nicht zu übermäßiger Kritik heraus locken.

Darüber hinaus sollte der Projektleiter auch mit seinem Team das Problem offen besprechen und ein taktisches Vorgehen vereinbaren: Wie wollen wir uns verhalten, wenn sich unser Chef wieder einmal einmischt und gegenüber einem von uns einen Vorschlag oder Wunsch äußert? Die Regelung kann dann lauten: Zuhören, den Vorschlag entgegennehmen – aber nicht gleich ausführen, sondern den Projektleiter informieren.

Schwieriger liegen die Verhältnisse im Falle des obersten Sachbearbeiters. In diesem Fall sind die betroffenen Projektmitglieder in der Pflicht, den Projektleiter mit seinem Verhalten zu konfrontieren. Ein Projektleiter, der von der Überlegenheit der eigenen Qualität und Detailkenntnisse überzeugt ist, wird sich jedoch durch ein einfaches Gespräch kaum belehren lassen. Dem Team bleibt dann nur noch die Möglichkeit einer Eskalation: Wenn sich die Situation nicht verändert, eine Zusammenarbeit nicht mehr möglich und das Projektziel bedroht erscheint, liegt es in der Verantwortung der Mitarbeiter, sich an den Auftraggeber zu wenden.

Der erste Schritt, um das PM-Dreieck dann wieder in ein produktives Gleichgewicht zu führen, ist auch hier die verbindliche Konfrontation. Der Auftraggeber ist in der Pflicht, das Verhalten des Projektleiters auf das Thema „Führung" statt „Mitarbeit" zu lenken. Dabei ist durch einen systematischen Kompetenz- und Motivationsabgleich auch zu klären, ob der Projektmanager überhaupt gewillt und in der Lage ist, eine Projektführung zu übernehmen. Wird das von beiden Seiten bejaht, muss ein mittelfristiger Prozess beginnen – denn ein adäquates Führungsverhalten stellt sich nicht über Nacht ein. Um den Weg zur Führungskraft zu unterstützen, werden auch Trainings und andere individuelle Entwicklungsmaßnahmen erforderlich sein (Hinz 2008).

1.4   Fazit: Schnelligkeit zahlt sich aus

Für den Projekterfolg ist es wichtig, das PM-Dreieck im Gleichgewicht zu halten – denn Engagement und Motivation aller Projektbeteiligten steigen, wenn die Rollen von Auftraggeber, Projektleiter und Projektteam ausbalanciert sind. Die Realität des Projektmanagements ist jedoch durch Dynamiken geprägt, die das Gleichgewicht ständig gefährden (Wunderer 2003).

Allen Dynamiken ist gemeinsam, dass die erfolgversprechende Intervention schnell erfolgen muss. Nur so ist die Rückkehr zu einem produktiven Rollengleichgewicht möglich – nur so lässt sich verhindern, dass anstelle der Projektarbeit die „Selbstbefassung" im Mittelpunkt steht. Je länger eine Rollenausweitung oder gar ein kompletter Rollenwechsel zugelassen wird, desto stärker verfestigt sich die

Dysbalance und umso wahrscheinlicher wird das Risiko, dass sich die notwendige Korrektur des Rollenverhaltens zu einem Konflikt auswächst.

Hat sich ein Rollenverhalten einmal verfestigt, lässt es sich kaum mehr auflösen. Analysiert man im Nachhinein gescheiterte Projekte, liegt die Ursache sehr oft in einem solchen verfestigten Rollenverhalten. Ein häufiges Beispiel ist das Mitarbeiterteam, das den obersten Sachbearbeiter gewähren lässt und lieber in die innere Emigration geht als eine Eskalation einzuleiten – nach dem Motto: „Wenn er alles selbst machen will, dann soll er es eben tun!" Das Projekt läuft dann zwar weiter, ist aber von der Fachexpertise des Hauses praktisch abgekoppelt – sein Scheitern ist kaum zu vermeiden.

Es lohnt sich also, auf die Rollendynamik zu achten und bei Bedarf schnell gegenzusteuern. Eine solche aktive Projektführung zahlt sich unmittelbar in sinkenden Organisationskosten aus:

• Heimliche Anführer sorgen nicht mehr für Lösungen, die ihnen gefallen, aber vom Markt nicht gekauft werden.
• Grandiose Alleskönner werden wieder an die Strategie und den Kundenwunsch gekoppelt, Alleingänge werden unmöglich.
• Überväter werden die Projektstruktur nicht mehr gefährden, indem sie die Projektorganisation umgehen.
• Oberste Sachbearbeiter kümmern sich wieder um die Führung im Projekt und beenden damit die zeitraubende interne Befassung.

Es gilt, „das Ohr auf der Schiene zu haben" und frühzeitig zu reagieren. Dann ist es möglich, das Projektgleichgewicht mit Hilfe einer professionellen, verbindlichen Konfrontation des Interessengegensatzes wiederherzustellen. Wird diese Chance vertan, werden die Kosten immens sein. Anstelle einer sachlichen Konfrontation wird dann der Heldenmut in einem Machtkampf notwendig sein – mit völlig offenem Ausgang für den Projekterfolg.

Warum der Kapitän nicht unter Deck bleibt – Aktive Führung **2**

> Führung im Projekt ist etwas Besonderes. Konzepte, die in der Linie erfolgreich und bewährt sind, lassen sich nicht ohne Weiteres übertragen. Wie Sie als Projekt-Kapitän Ihre Mannschaft erfolgreich führen, beschreibt dieses Kapitel. Hierbei kommt es vor allem auf eines an: eine aktive Führung mit Persönlichkeit.

Was muss eine Führungskraft können? Auf diese Frage antworten die meisten intuitiv: Führen. Und welche Fähigkeiten muss ein Projektleiter haben? Auf diese Frage lauten die beiden häufigsten Antworten: Projektmanagement-Tools und Fachkenntnis anwenden können.

Tatsächlich wird die Führungsaufgabe eines Projektleiters oft nicht als Hauptaufgabe erkannt, sondern hinter fachlichen Anforderungen zurückgestellt, ob nun von Vorgesetzten, Mitarbeitern oder gar den Projektleitern selbst.

Oberstes Ziel allen Projektmanagements aber ist es, eine effiziente Zusammenarbeit sicherzustellen, um den Projektauftrag zielgenau zu erfüllen. Denn die „eigentliche Arbeit" wird schließlich, dem PM-Dreieck (vgl. Kap. 1) entsprechend, von den Spezialisten geleistet. Für den Projekt-Kapitän steht demnach aktive Führung auf der Tagesordnung.

„Ein Projektleiter kann sich doch alles von den Führungskräften, die in der Hierarchie Verantwortung tragen, abschauen …" Weit gefehlt!

2.1 Was Führung im Projekt so besonders macht

Konzepte, die in der Linie erfolgreich und bewährt sind, lassen sich nicht ohne Weiteres auf die Führung im Projekt übertragen, denn Projektleitung unterscheidet sich in fünf wesentlichen Punkten von der Führung in dauerhaften Linienfunktionen. Die spezifischen Rahmenbedingungen in Projekten sind andere:

O. Hinz, *Der Projekt-Kapitän*, DOI 10.1007/978-3-658-01451-3_2,
© Springer Fachmedien Wiesbaden 2013

1. Inhaltliche und zeitliche Begrenzung Das Projektteam startet zu einem bestimmten Zeitpunkt und arbeitet per definitionem zeitlich begrenzt an einer konkreten Aufgabe. Denn die DIN 69901 (zitiert nach Schelle et al. 2005, S. 27) definiert ein Projekt als „ein Vorhaben, das im Wesentlichen durch Einmaligkeit der Bedingungen in ihrer Gesamtheit gekennzeichnet ist, zum Beispiel Zielvorgabe, zeitliche, finanzielle, personelle und andere Begrenzungen, Abgrenzung gegenüber anderen Vorhaben und projektspezifische Organisation".

Die Projektziele wie Inhalte, Kosten und Termine erfordern unter Zeitdruck eine besondere Ergebnisorientierung. Der Projektleiter ist häufig nur für ein Projekt in der Führungsposition, sonst als Projektmitarbeiter oder in der Linienorganisation aktiv.

2. Organisationsübergreifende Zusammensetzung Das Projektteam ist gemäß der benötigten Expertise zusammengesetzt. Oft kommen die Mitglieder aus verschiedenen Orten und Abteilungen der Organisation. Die Zusammensetzung des Projektteams spiegelt die „gelebte Matrixorganisation" wider. Teilweise treten auch noch unterschiedliche Hierarchien im Projektteam auf. Dann sitzen dort Sachbearbeiter neben Entwicklern, der Abteilungsleiter der Buchhaltung sitzt neben dem persönlichen Referenten des Marketingvorstandes.

Als Projekt-Kapitän sind Sie also mit einer bunt gemischten Mannschaft unterwegs. Verschiedene Nationen und Sprachen sind häufig anzutreffen, die Mitglieder im Projektteam haben zumeist einen unterschiedlichen fachlichen und unternehmenskulturellen Hintergrund. Zeit, sich in der Tagesarbeit kennenzulernen, um auf dieser Basis mit den individuellen Unterschieden professionell umzugehen, ist im Projektkontext knapp, denn enge Zeitvorgaben sind die Regel.

Bereits im Unternehmen bestehende Differenzen zwischen den Organisationseinheiten treffen im Projekt noch direkter aufeinander. Dahinter stehende Interessen- und Machtkonflikte schaffen ein höheres Konfliktpotenzial als in der parallelen Linienorganisation.

Da Projektarbeit besonders stark als Teamarbeit abläuft, muss jeder Einzelne verstärkt über den Tellerrand blicken und sich für das Gesamtergebnis noch verantwortlicher fühlen als in einer Sachbearbeitungsposition. In der Linie gibt es Stellenbeschreibungen, Regeln und Prozessanweisungen, welche die Schnittstellen, Verantwortlichkeiten und über 70 Prozent der Fragen des Tagesgeschäfts klären. Im Projekt fehlen diese Erfahrungen. Daher ist ein Projektleiter ständig gefordert, aktive Schnittstellenklärungen einzuleiten, schließlich gibt es für Dinge, die eine Organisation zum ersten Mal macht, keine festen Regeln und Prozessanweisungen. Es kommt also darauf an, dass der Projekt-Kapitän in der Lage ist, die Erfordernisse der jeweiligen Situation zu erkennen, dass er seiner Mannschaft aktiv beisteht und das Projektschiff mit einigen sanften Ruderbewegungen an den zwangsläufig auftretenden Klippen und unvorhersehbaren Untiefen vorbeisteuert.

3. Teilzeitbeschäftigung im Projekt Teammitglieder arbeiten unter Umständen parallel in weiteren Projekten und/oder in der Linienorganisation. So kann es zu einem Kampf um Ressourcen kommen, weil die „klugen Köpfe" nicht nur im Projekt, sondern auch im Tagesgeschäft gebraucht werden. Die Besetzung des Projektteams ist natürlich nicht immer konstant. Je nach Projektphase werden Spezialisten für bestimmte Abschnitte zeitweise eingebunden, um das Projekt nach erfüllter Aufgabe wieder zu verlassen.

Die Projektmitglieder sind meist Experten auf ihrem Gebiet. Dadurch entstehen Synergien, aber auch Reibung und Konflikt. Die Teamentwicklung muss also aktiv gestaltet werden, um schnell leistungsfähig zu sein.

4. Führen nach oben und unten Der Projekt-Kapitän nimmt wechselseitig und aktivierend (Wunderer 2003) Einfluss sowohl auf die Entscheidungsgremien des Projekts, das heißt den Auftraggeber im PM-Dreieck (vgl. Kap. 1) als auch auf die Spezialisten im Projektteam. Er muss nach oben führen und dafür sorgen, vom Reeder, also vom Auftraggeber, die erforderlichen Entscheidungen zu bekommen. Dazu bedarf es politischen Gespürs, intensiver Arbeit im Vorfeld (Stakeholder-Management) und effektiver Mikropolitik (vgl. Kap. 3). Auf der anderen Seite wirkt der Projektleiter nach unten; er muss das Team lenken und die Spezialisten koordinieren. Das ist ein Balanceakt zwischen manchmal gegenläufigen Interessen.

5. Lateral Führen Projektmanager sind in der Regel nicht mit den gleichen disziplinarischen Führungsinstrumenten ausgestattet wie die Führungskräfte in der Hierarchie. Sie führen „lateral" (Kühl et al. 2004), also sowohl seitlich als Kollege als auch zeitlich und inhaltlich begrenzt auf die Projektaufgabe. Damit steht ihnen nur ein sehr eingeschränktes Repertoire zur Verfügung.

Insbesondere Letzteres wird von unerfahrenen Projektleitern häufig beklagt. Am Ende sei die Hierarchie immer mächtiger, weil sie Belohnungen verteilen und Sanktionen verhängen könne. Komme es zu strittigen Situationen, unterliege man in den meisten Fällen. Erfahrene Seebären wissen allerdings, dass sie die fehlende disziplinarische Macht nicht beklagen müssten, wenn sie auf aktive Führung mit Persönlichkeit setzten.

2.2 Führen mit der Persönlichkeit eines Kapitäns

Betritt ein Kapitän die Brücke, befindet er sich in der Kommandozentrale. Hier laufen alle Fäden zusammen, von hier aus legt der Kapitän den Kurs fest und steuert das Schiff auch bei schlechtem Wetter durch anspruchsvolle Gewässer. Natürlich beherrscht er sein Seemannshandwerk, das ist die Voraussetzung, um überhaupt das Kommando übertragen zu bekommen. Aber um auf der Brücke erfolgreich wirken zu können, ist mehr notwendig als nur ein Kapitänspatent. Es bedarf einer Führungspersönlichkeit!

Das ist bei der Aufgabe eines Projektleiters nicht anders: Seine Kommandozentrale ist das Phasenmodell im Projektmanagement, hier werden die Projektziele und die Interessen der Beteiligten geklärt (= der Kurs abgesteckt) und das Projekt durch alle Wetter gesteuert. Als Projektleiter beherrscht er natürlich die gängigen PM-Tools und (IT-)Werkzeuge. Aber um in dieser Rolle erfolgreich zu sein, ist darüber hinaus aktive Führung mit Persönlichkeit erforderlich. Fünf Merkmale kennzeichnen die Führung mit Persönlichkeit:

- seemännische Gelassenheit,
- ein variantenreicher Führungsstil, der Unterschiede aktiv nutzt,
- einflussreiches Verhalten,
- ein Management, welches „das Ohr auf der Schiene" hat,
- eine Kommunikation, die Interessen aufspürt.

1. Die Haltung: Seemännische Gelassenheit Erfolgreiche Projektmanager gehen mit der Haltung der seemännischen Gelassenheit hinaus in die Organisation. Wach und kooperationsbereit bilden sie Koalitionen, jonglieren mit unterschiedlichen Interessen und kümmern sich um den Fortgang des Projekts. Als Mann auf der Brücke profitiert ein Projekt-Kapitän von seinem Erfahrungs- und Methodenschatz. Er weiß, dass er aufkommende Probleme aus der Situation selbst heraus lösen wird und nicht alles vorab regeln kann; daher redet ein erfahrener Seebär seiner Mannschaft niemals einen aufziehenden Sturm schön, beordert aber auch nicht gleich alle Mann an Deck und verteilt vorsorglich Schwimmwesten. Vielmehr rechnet er mit schlechtem wie gutem Wetter und hat die Lage und Funktionsfähigkeit der Schwimmwesten bereits vorab überprüft.

Der Begriff seemännische Gelassenheit beschreibt eine besondere innere Haltung: anzuerkennen, dass Dinge anders laufen können als geplant und dass die Wirklichkeit nicht linear, sondern höchst komplex ist. Es geht um den Abschied vom „Wenn, dann"-Denken. Die alten Kategorien „richtig" und „falsch" werden ersetzt durch „angemessen" und „unnütz". Das bedeutet für einen Projektleiter, immer in Alternativen zu denken und Pläne als einen möglichen Verlaufspfad zu begreifen, der jederzeit angepasst und verändert werden kann – und dies auch gegenüber den Projektmitarbeitern zu vertreten!

Ein seemännisch gelassener Projektleiter handelt hellwach, konzentriert, gut vorbereitet und unter Einsatz all seines Erfahrungs- und Methodenwissens über Projektmanagement – aber stets als Mensch und nicht als Funktionär irgendeiner Managementschule. Wer mit seinem gesunden Menschenverstand Projektüberraschungen von vornherein einbezieht, statt zu versuchen, sie durch statistische Methoden wegzukalkulieren, nimmt ihnen den Schrecken und stellt sicher, dass die Projekttätigkeiten sinnvoll auf solche Überraschungen reagieren können. Genau das ist es letztlich, wofür der Projektleiter gebraucht wird. Denn Pläne stur abarbeiten könnte auch jeder andere.

Operative Hektik, Berichte auf den letzten Drücker und sinnloses Multitasking verschwinden, wenn die seemännische Gelassenheit Einzug hält. Diese Projektmanager spielen alternative Szenarien bereits im Vorfeld und nicht erst ad hoc durch. Sie bewahren in der schwierigen Situation Ruhe, strahlen diese aus und stabilisieren so die Lage.

2. Der Stil: Unterschiedliche Menschen variantenreich führen Was ist auf der Suche nach dem einen Erfolg bringenden Führungsstil nicht schon alles angeboten worden: eine Vielzahl von Management-Schulen, Simplify-Checklisten und zahllose Persönlichkeitsmodelle. Doch von der Lösung sind wir weiter entfernt denn je – vielleicht, weil es diesen einen Führungsstil, sei er nun mitarbeiterorientiert oder „scorecard-zentriert", nicht gibt?

Mein Rat: Weg vom plumpen Reduktionismus! Denn je komplexer eine Aufgabe – und ein Projekt ist definitiv eine komplexe Aufgabe –, umso variantenreicher wird sie auf die Umwelt (den Markt, die Kunden, die Konkurrenz, die politischen Rahmenbedingungen etc.) reagieren. Daraus folgt, dass Führung im Projekt mit einem breiten Spektrum von Alternativen verknüpft ist. Das gilt sowohl auf der inhaltlich-sachlichen Ebene als auch in Bezug auf die unterschiedlichen Menschen im Projektteam.

Wie aber führt man ein heterogenes Team? Es gilt der Grundsatz: Heterogene Teams erfordern eine variantenreiche Führung. Eingleisige Führungsstile laufen ins Leere. Ein Projekt-Kapitän passt sein Führungsverhalten der jeweiligen Situation an.

Die variantenreiche Projektführung entsteht aus der Kombination von vier Verhaltensrichtungen, die in Abb. 2.1 dargestellt werden.

In Quadrant I findet sich ein SP-Führungsstil, das heißt alle Varianten der Kombination von selbst- und prozessorientierter Führung. Projektleiter, die in einer Si-

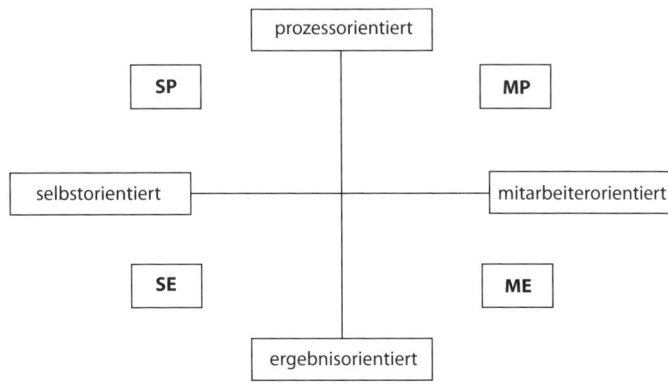

Abb. 2.1 Variantenreiche Projektführung

tuation aus dem SP-Quadranten führen, sorgen für eine klare Rollen- und Verant-
wortungsteilung nach dem PM-Dreieck (Kap. 1), beachten die Projektorganisation
bzw. die Projektstruktur bei all ihren Handlungen und nutzen konsequent die Technik des Delegierens.

Der MP-Quadrant beschreibt das Führungsverhalten, das auf verbindliche Kommunikationswege und aktive Besprechungsmoderation setzt. Führung im Projekt
zeigt sich im MP-Stil vor allem durch eine Informationspolitik, die diese als Bringschuld begreift, aktiv auf Projektbeteiligte zugeht, statt abzuwarten, und Widerstände nutzt (vgl. Kap. 4).

Im dritten Quadranten befindet sich der ME-Stil, der durch klare Ziele den Sinn
und Zusammenhang im Projekt aufzeigt. Immer wenn es variantenreich führenden
Projekt-Kapitänen um Einbindung, Motivation und Teamarbeit geht, werden sie ihr
Verhalten sowohl mitarbeiter- als auch ergebnisorientiert ausrichten (vgl. Kap. 5).

Die Kombination aus selbst- und ergebnisorientiertem Führungsverhalten (SE-
Stil) stellt der vierte Quadrant dar. Hier achtet der Projektleiter auf ein effizientes Berichtswesen, transparente Meilensteine und ein ökonomisches Projektcontrolling,
um stets selbst ein deutliches Bild von der aktuellen Situation zu haben. Kapitel 6
beschreibt, wie dies – jenseits allen Formularwesens – aussieht.

Führung im Projekt bedeutet demnach den ständigen Abgleich von situativen
Beobachtungen mit den aktuellen Erwartungen an den Projektfortschritt. Nur wer
hier flexibel zwischen den Stilen wechseln kann und nicht in seiner persönlichen
Präferenz („Mein einziger Führungsstil ist …") feststeckt, wird auf die Herausforderungen im Projektalltag angemessen reagieren können. Denn ein effektiver Projekt-

Kapitän weiß, dass er sich auf die Fähigkeiten und Bedürfnisse seiner Mannschaft einstellen muss. Ein Austausch von Matrosen auf hoher See ist schwierig, teuer und wird den Reeder daher nicht erfreuen. Klüger und souveräner ist es somit, nicht auf den einen Führungsstil zu setzen, der im Zweifel nur bei einem Teil der Mannschaft Wirkung hat, sondern sein Führungshandeln auf die unterschiedlichen Mitarbeiter auszurichten (Hersey et al. 2001). Ein heterogenes Team aus Spezialisten mit ein und demselben Stil zu führen hat nichts mit Fairness, Berechenbarkeit oder Transparenz zu tun, sondern mit Ineffektivität, Gleichmacherei und Eingleisigkeit. Es bedarf so vieler situativ angepasster Reaktionen des Projektmanagers, wie es unterschiedliche Situationen im Projektalltag gibt.

3. Das Verhalten: Einfluss erzeugen Von der empfundenen Hilflosigkeit und Unzufriedenheit der Projektmanager, welche die fehlende disziplinarische Macht beklagen, war schon die Rede. Sicher wäre es manchmal von Vorteil, auch diese Führungsinstrumente einsetzen zu können. Aber es gibt ein weit größeres Repertoire, um als Projektführungskraft wirksam zu sein. Paul Hersey (Hersey et al. 2001) entwickelte jene Einflusssphären, die ein Projektmanager nutzen kann, um Mitarbeiter zielgerichtet zu führen:

1. Einfluss durch disziplinarischen Zwang Damit ist die Fähigkeit gemeint, dem Mitarbeiter durch Belohnung (z. B. Gehaltserhöhung) bzw. Sanktion (z. B. keine Empfehlung für ein Personalentwicklungsprogramm) Konsequenzen des Handelns aufzeigen zu können. Diese Einflussmöglichkeit steht Projektleitern wegen fehlender formaler Befugnisse höchstens eingeschränkt (z. B. als Projektprämie) zur Verfügung.

2. Einfluss durch Anschlussfähigkeit Personen, die ein Projekt zu leiten haben, kommen dadurch häufig in Kontakt mit Auftraggebern, die in der Hierarchie des Unternehmens bzw. auf Kundenseite sehr einflussreich sind. Die daraus resultierende Chance der Projektmitarbeiter, diese einflussreichen Menschen im Rahmen des Projekts ebenfalls kennenzulernen, macht die Projektmitarbeit und den Projektleiter für sein Team attraktiv.

3. Einfluss durch Legitimität Gerade Projektleiter von Innovations- oder Strategieprojekten sind intern oft Schlüsselpersonen. Allein der Hinweis, man leite das Zukunftsprojekt XY, öffnet Türen und ermöglicht Entscheidungen, die „normalerweise" so nicht möglich wären. Damit erhalten auch die Projektbeteiligten eine Legitimation innerhalb des Unternehmens, die weit über die ihrer regulären Tätigkeit hinausgeht.

4. Einfluss durch Informationsvorsprung Wegen ihrer Querschnittfunktion bündeln Projektteams bzw. die darin tätigen Mitarbeiter ein großes Maß an Informationen und aktuellem Wissen. Oft äußern die Beteiligten beim Projektreview, dass sie im Projekt viel mehr über die (Geheimnisse der) Organisation und die Strategie erfahren und gelernt haben als in ihrer sonstigen Tätigkeit.

5. Einfluss durch Expertise Die Arbeitsform Projekt wird in ihrer Bedeutung weiter zunehmen. Schon heute ist die „relevante Projekterfahrung" bzw. „Kenntnisse im Projektmanagement" ein Standardbestandteil in Kompetenzprofilen. Wer als Projektleiter professionelles Projektmanagement anwendet, der ist ein attraktiver Partner für das Learning on the job seiner Teammitglieder.

6. Einfluss durch Vorbild Natürlich gilt auch für Projekt-Kapitäne, dass die Mannschaft gern bei dem anheuert, der durch Persönlichkeit, nachgewiesene Erfolge und seine Kunst, die Mannschaft durch Wind und Wellen zu führen, ein Vorbild ist. Denn von so einem kann man sich etwas abschauen, man arbeitet nicht „für die Tonne".

Das Reizvolle an diesen Einflusskanälen ist, dass alle wesentlich von der Person des Projektmanagers selbst abhängen und nicht von externen, organisatorischen Variablen, wie der oft beklagten fehlenden disziplinarischen Macht! Ohnehin nimmt diese Form des Einflusses auch in traditionellen Linienorganisationen immer mehr ab, wenn unternehmerische Verantwortung dezentralisiert und das Führen in – kontinuierlichen – Veränderungsprozessen gefragt ist (Wimmer 1996).

Es liegt also wesentlich in Ihrer Hand, ob und wie sich Ihr Projektteam, Ihr Auftraggeber und das Projektumfeld „führen lassen".

4. Die Managementmethode: Auf Deck bleiben Den beiden US-amerikanischen Managementforschern Peters und Waterman (Peters und Waterman 1982) verdanken wir das bekannte Konzept des Management by Walking Around. Leider ist auch diese Idee in den Strudel der Abwertung sogenannter Management-by-Theorien geraten. Der Kerngedanke der beiden Autoren ist aber durchaus wertvoll: Persönlicher Kontakt ist effektiver als formales, schriftliches Berichtswesen.

Anstatt sich in seinem Projektbüro und hinter seinen Plänen zu verkriechen, geht der Projektmanager hinaus und sucht seine Mitarbeiter direkt an deren Arbeitsplätzen auf. Der Projekt-Kapitän gewinnt somit außerhalb von Meetings einen unmittelbaren Eindruck von der Situation, macht sich mit eigenen Augen ein Bild. Die Kontakte während der Rundgänge auf dem Schiff geben den Mitarbeitern darüber hinaus Gelegenheit, den Kapitän direkt anzusprechen – und er demonstriert seinerseits Interesse an der Tagesarbeit der Mannschaft. Bevor sich ein kleines Problem zu einer großen Krise auswächst, kann es oft durch ein persönliches Gespräch zwischen den Betroffenen schnell behoben werden.

Erfahrene Seebären hüten sich allerdings vor Übertreibungen. „Management by Walking Around" darf Mitarbeitern weder ihre Zeit stehlen noch diese allzu sehr überwachen. Gemäß dem alten Apotheker-Grundsatz: Die Dosis macht das Gift.

Die Vorteile liegen jedoch auf der Hand: Was zählt, ist der direkte Kontakt, der dadurch zwischen Führung und Mitarbeitern entsteht. Offizielle Projektbesprechungen werden oft von informellen Machtstrukturen verzerrt, gehen zu sehr ins Detail, oder man hat es mit vorformulierten Statements zu tun (vgl. Kap. 4). An seinem Arbeitsplatz ist der Mitarbeiter eher zu einem offenen Gespräch bereit, wodurch sich ein Gedankenaustausch ergibt, der in der Gruppe oft untergraben wird.

Der Rundgang auf dem Projektschiff dient aber auch als Führungswerkzeug: Die Projektbeteiligten erhalten die notwendigen Informationen ohne Umwege, das heißt, das Risiko von Missverständnissen der „stillen Post" wird minimiert.

Fazit: Nur der Kapitän, der sich den Wind um die Nase wehen lässt, kennt die Richtung, aus der der Wind weht – und kann den angemessenen Kurs setzen!

5. Die Kommunikation: Neugierig und aktiv Wirkungsvolle Projektleiter sind neugierig. Nicht nur, weil sie das Neue (= das Projektziel) erreichen wollen, sondern weil sie erkunden, welche Interessen im Projektteam eine Rolle spielen. Statt abzuwarten, bis die Interessenkonflikte offen ausbrechen, horchen erfolgreiche Kapitäne in die Mannschaft hinein. Entscheidend ist, die Projektmitarbeiter nicht nur als Funktionsträger zu begreifen, sondern sie mitsamt ihren Interessen einzubeziehen. Für wen ist es das erste Projekt? Hat er Ambitionen, Wünsche, Ziele?

Ein offener, neugieriger Projektleiter benötigt weniger häufig Hilfe bei Konfliktmanagement oder Mediation, weil es ihm gelingt, Interessengegensätze frühzeitig aufzuspüren. Wer früh handelt, kann eine Konflikteskalation verhindern. Das verdeutlicht das 9-Stufen-Modell von Glasl (2004) in Abb. 2.2.

Auf den Eskalationsstufen 1 und 2 ist noch eine Win-win-Situation, also ein belastbarer Interessenausgleich, erreichbar. Auf den Stufen 3 bis 6 geht es den Konfliktbeteiligten bereits darum, allein zu gewinnen; eine Win-lose-Situation ist eingetreten. Und wenn es dann in den Phasen 7 bis 9 nur noch darum geht, dem anderen zu schaden – koste es, was es wolle –, dann ist nichts mehr zu gewinnen, sondern nur noch eine „Lose-lose"-Situation möglich.

Deshalb sollten Projektmanager an Deck gehen, um dort neugierig und hellwach zu agieren, so dass sie die ersten Anzeichen einer Eskalation wahrnehmen, um dann durch geschickte Führung einen tragbaren Interessenausgleich herstellen zu können.

1 Verhärtung
Die Standpunkte prallen aufeinander, aber man ist der Überzeugung, dass ein Gespräch die Spannung lösen kann.

2 Debatte
Polarisation und Schwarz-Weiß-Denken prägen die Szene.

3 Aktionen
«Reden ist sinnlos», daher werden vollendete Tatsachen
geschaffen.

4 Koalitionen
Anhänger werden mit Gerüchten, Stereotypen und Klischees
geworben, man rüstet sich für den Kampf.

5 Gesichtsverlust
Öffentliche und z.T. verbotene Angriffe sollen den Gegner
niederringen.

6 Drohstrategien
Drohungen und Ultimaten beschleunigen die Eskalation
massiv.

7 Begrenzte Vernichtungsschläge
Die Werte kehren um; ein Schaden beim Gegner, der zunehmend entmenschlicht wird, wird zum Gewinn.

8 Zersplitterung
Die Zerstörung des feindlichen Systems wird zum alleinigen
Ziel.

9 Gemeinsam in den Abgrund
Der Point of no return ist erreicht; die Selbstvernichtung
wird in Kauf genommen, wenn man so den Gegner mit in
den Abgrund ziehen kann.

Abb. 2.2   Die 9 Stufen der Konfliktsituation

Die typischen Merkmale einer Verhärtung in Phase 1 und 2 sind auf den ersten Blick gar nicht so leicht zu erkennen, denn Meinungsverschiedenheiten und
intensive Diskussionen in der Sache sind ja durchaus produktive Elemente der Zusammenarbeit im Projektteam. Aufmerksamkeit empfiehlt sich für den Kapitän allerdings

- wenn Meinungen zu starren Standpunkten werden („Wir können jetzt noch zwei
  Stunden reden – ich bleibe bei meiner Position").

- wenn sich erste Anzeichen von Lagern zeigen, das heißt, wenn sich Untergruppen bilden („Das finde ich auch", „Da schließe ich mich an").
- wenn der Wunsch entsteht, die professionelle Leichtigkeit und Unbefangenheit im Umgang durch Regeln zu ersetzen („War ich nicht dran?", „Darf hier eigentlich jeder was zu meinem Tagesordnungspunkt sagen?").

In dieser Stufe ist es allerdings noch relativ einfach, die Beteiligten wieder auf Kurs zu bringen. Denn in der Phase der Verhärtung überwiegt der Wille zur Kooperation gegenüber dem Willen, den anderen zu besiegen. Das zeigt sich zum Beispiel deutlich in dem Wunsch nach Regeln, da diese die Kooperation stützen. In einer solchen Situation ist die Technik der verbindlichen Konfrontation (Kap. 1) eine effektive Methode: Schildern Sie aus Ihrer Sicht, wie die Kommunikation und die Zusammenarbeit gerade abläuft und moderieren Sie dann ein Gespräch zwischen den Parteien. Bewährte Einstiegsfragen für dieses Gespräch sind:

- Um was geht es hier eigentlich?
- Was hat den Satz …/die Aussage …/die Verhärtung eigentlich herbeigeführt?
- Was stört Sie an dem anderen Vorschlag?

Sofern es die Stimmung und Vertrautheit in der Gruppe zulässt, können diese drei Fragen auch an die Kollegen gestellt werden, die in der Situation, als die Verhärtung auftrat, anwesend waren.

Sofern in Phase 3 bis 6 bereits eine – oft polemisch geführte – Debatte einsetzt, muss der Projekt-Kapitän eingreifen. Denn sobald der Wille zur Kooperation abhanden zu kommen droht, ist das Projektziel ernstlich gefährdet. Für kontraproduktive Konkurrenz untereinander gibt es folgende Anzeichen:

- Taktische Beeinflussung löst die klare Meinungsäußerung ab („Wenn ich der Logik Ihrer Idee von eben folge, dann müssen Sie mir doch zwangsläufig zustimmen. Oder glauben Sie nicht, was Sie sagen?", „Wenn man Ihren Beitrag zu Ende denkt, hat das alles keinen Sinn").
- „Es wird erst auf den Mann, dann auf den Ball gegangen", das heißt, zunächst wird die Person bewusst verunsichert, damit diese in der folgenden Sachargumentation schwächer wird („Das kann nur jemand behaupten, der noch nie draußen beim Kunden war", „Wenn Sie im ersten Semester aufgepasst hätten, dann wüssten Sie das!").
- Die Beiträge richten sich immer mehr an die Tribüne/die imaginären Zuschauer, um über dramatische Problemdarstellungen eine Abwertung der Gegenpartei zu erzielen, statt eine gemeinsame Lösung zu suchen („Bereits vor drei Wochen habe

ich gewarnt, dass …", „Und wie ja viele wissen, ist das hier ein Thema, das wir bereits in anderen Gremien diskutiert und zu den Akten gelegt haben").

Jetzt ist aktives Handeln der Leitung geboten: Machen Sie allen Beteiligten deutlich, dass Sie diese Form der Zusammenarbeit nicht akzeptieren. Hier sind die bekannten „Ich-Botschaften" sehr effektiv. Wenn Sie von sich reden, statt vom ominösen „man" zu berichten, entfalten Sie Wirkung und nehmen direkt Einfluss.

Projekt-Kapitäne, die in solchen Situationen mit ihrer ganzen Persönlichkeit einsteigen, den ME-Führungsstil nutzen und verbindlich konfrontieren, erreichen in den meisten Fällen eine Rückkehr zur Kooperation in der Mannschaft. Dabei ist es wichtig, der Mannschaft nicht aus einer „strafenden Lehrerposition" heraus vorzuwerfen, sie verhalte sich kindisch. Das wird die Situation nur verschärfen, weil sich Ihr Projektteam dann unangemessen behandelt, vielleicht sogar degradiert fühlt. Denn das, was Sie in der Eskalationsstufe der (polemischen) Debatte abstellen müssen, ist nicht die Debatte an sich, sondern das nutzlose und daher destruktive Machtspiel.

Keine Furcht vor dem Reeder – Auftraggeberinteressen aktiv regulieren

3

▸ Der Projekterfolg hängt in hohem Maße von einer sorgfältigen Auftragsklärung und einem präzisen Projektauftrag ab. Versäumnisse und Fehler
lassen sich hier im Nachhinein nur mit hohem Aufwand korrigieren. Dieses Kapitel zeigt Ihnen, wie Sie als Projektleiter ein Projekt professionell
beginnen. Hierbei steht die aktive Kommunikation mit dem Auftraggeber im Mittelpunkt.

Ein guter Kapitän hat keine Furcht vor dem Reeder. Wenn ein aufziehender
Sturm das Schiff zur Kursänderung zwingt, greift er zum Telefon, ruft seinen Reeder an und schildert ihm die Situation. Oder wenn die Liegezeit im Hafen länger
dauert als geplant, weil sich die Beladung verzögert: Auch dann informiert der Kapitän den Reeder und bespricht mit ihm, wie weiter verfahren werden soll. Denn
bei Terminverschiebungen können die Folgen weitreichend und kostspielig sein.
Der Kapitän weiß um Einfluss und Interessen des Reeders. Ihm ist klar, wann er
den Reeder informieren muss – und er geht aktiv auf ihn zu. Genauso macht es ein
guter Projekt-Kapitän: Auch er informiert seinen Auftraggeber vorausschauend und
bindet ihn aktiv in das Geschehen ein, bevor das aufgewühlte Meer das Projektschiff
ins Schlingern bringt.
Wie im ersten Kapitel ausgeführt, ist der Auftraggeber entscheidend für den
Projekterfolg. Er teilt dem Projekt die notwendigen Ressourcen zu und stellt seine
Macht und seinen Einfluss zur Verfügung, wenn er gebraucht wird. Schon deshalb
verdient er das besondere Augenmerk des Projektleiters, auch über das formell vereinbarte Berichtswesen hinaus.
Ein guter Projektleiter hält auch jenseits der Regelkommunikation Kontakt
zum Auftraggeber. Er versteht Information als Bringschuld und entzerrt den
Informations- und Entscheidungsprozess mit seinem Auftraggeber, indem er nicht
nur die üblichen Meilensteinbesprechungen nutzt. Anstatt bei diesen Besprechun-

O. Hinz, *Der Projekt-Kapitän*, DOI 10.1007/978-3-658-01451-3_3,
© Springer Fachmedien Wiesbaden 2013

gen einen dicken Stapel Papier zu verteilen und über das zu referieren, was alles in der Vergangenheit getan wurde, informiert er den Auftraggeber kontinuierlich in gut verdaubaren Häppchen. Dies kann bei größeren Projekten in den regelmäßigen Sitzungen mit dem Lenkungskreis geschehen, bei denen der Projektleiter dem Auftraggeber Vorlagen zur Entscheidung präsentiert. In kleineren Projekten oder oft auch bei mittelständischen Unternehmen trifft sich der Projektleiter bei Bedarf mit seinem Auftraggeber zu einem Gespräch, bei dem er das Ergebnis dann im Protokoll festhält. Wenn etwas Unvorhergesehenes passiert, kann der Projektleiter auch eine Mail an den Auftraggeber senden, die Lage kurz mit ihren Vor- und Nachteilen schildern und um eine Entscheidung bitten.

So unterschiedlich die Informationsweise sein kann, so wichtig ist in jedem Fall die Rollenverteilung: Der Projektleiter schlägt mögliche Entscheidungen vor – und der Auftraggeber entscheidet. Erfahrene Seebären wissen, dass sie die notwendigen Informationen zum Reeder bringen, bevor dieser danach fragen muss. So steuern sie den Informationsfluss, bleiben regelmäßig mit ihren Auftraggebern in Kontakt und können heraufziehende Schwierigkeiten zeitnah ansprechen.

Die Realität sieht meist ganz anders aus. „Wer etwas wissen möchte, kann mich ja fragen", ist die typische Haltung vieler Projektleiter – was oft auch kein Wunder ist, wenn ein Projekt nebenbei geleitet werden muss und die Zeit für eine strategisch angelegte Kommunikation fehlt. Unter die Räder kommt dann auch die so wichtige aktive Kommunikation mit dem Auftraggeber. Mit oft fatalen Folgen: Wenn der Projektleiter die Interessen des Auftraggebers nicht selbst vorausschauend reguliert, wird ihn das Versäumte im Laufe des Projekts einholen und den Projektablauf stören. Dem Auftraggeber wird mit der Zeit auffallen, welche Aspekte nicht bedacht und unbedingt noch berücksichtigt werden müssen. Anstatt zu agieren, muss der Projektleiter dann auf immer neue Vorgaben reagieren. Damit hat er die Chance vergeben, das Projekt sauber abarbeiten zu können.

Neben der laufenden Information des Auftraggebers kommt es für den Projektleiter vor allem darauf an, in der Anfangsphase das Heft in der Hand zu halten. Der Kapitän muss mit dem Reeder klar Schiff machen, bevor er ablegt. Entscheidend für den späteren Projekterfolg sind daher eine sorgfältige Auftragsklärung und ein schriftlicher Projektauftrag. Hierzu benötigt der Projektleiter bereits im Vorfeld vielfältige Informationen, die er im Unternehmen einholen muss.

3.1 Die Auftragsklärung

Während gängige Sichtweisen mit der Planungsphase des Projekts beginnen, empfehle ich einem Projektleiter, bereits deutlich früher in das Management eines Pro-

jekts einzusteigen. Denn wer die Auftragsklärung absichtsvoll und strukturiert betreibt, „erbt" keinen Projektauftrag, mit dem er sich dann herumschlagen muss.
Vielmehr gestaltet er dann ein Projektziel, das den ersten Realitäts- und Machbar-
keitstest bereits überstanden hat.

In 90 % der Fälle wird es für den Projektleiter kein Problem sein, dass er bereits
in dieser frühen Phase in das Projektmanagement einsteigt und für den Auftraggeber die Auftragsklärung durchführt. Es gibt aber manchmal Situationen, in denen
irgendwo im Unternehmen eine Idee herumschwirrt, nach dem Motto „Da müsste
man ein Projekt machen" –, und dann ein Projektleiter einfach festlegt wird. Ein
solchermaßen vorgesetztes Projektziel können Sie als Projektleiter dann sicherlich
als „guten Vorschlag" entgegennehmen, doch sollten Sie trotzdem noch auf einer
ordentlichen Auftragsklärung bestehen. Auch ein erfahrener Seebär würde es nicht
akzeptieren, auf ein Schiff zu kommen, das er nicht kennt, dessen Mannschaft er
noch nie gesehen hat – und das womöglich noch auf ein Route geschickt werden soll,
die auf den Seekarten nicht verzeichnet ist. In dieser Situation würde er klar sagen,
dass er als Kapitän die Verantwortung für das Schiff trägt und ohne eine gründliche
Inspektion und Vorbereitung nicht ablegt.

Die Auftragsklärung lässt sich in drei Phasen gliedern, die im Folgenden beschrieben sind: Kontextklärung, Machbarkeitsanalyse und Entscheidung.

3.1.1 Phase 1: Kontextklärung

Die Phase eins, die Kontextklärung, beginnt mit einem ersten Gespräch zwischen
Projektleiter und Auftraggeber (oder dem Auftraggebergremium). Die Phase dient
der „Erkundung" der gegenseitigen Ideen und Interessen – sowohl Projektleiter als
auch Auftraggeber befinden sich daher abwechselnd in der Rolle des Fragenden und
Zuhörenden. Ziel dieser Phase ist eine erste „Landkarte" des Projekts: Wie stellen
sich Auftraggeber und Projektleiter das Projekt vor? Welches Ergebnis wird angestrebt, worauf kommt es auf dem Weg dahin wohl an?

Im Unterschied zum Brainstorming entwickeln Auftraggeber und Projektleiter
also nicht möglichst viele Alternativen, sondern wollen in einer ersten „Draufsicht"
ihre Vorstellungen, eben den Kontext, verstehen und hinterfragen. Oder um im Bild
der Seefahrt zu bleiben: Es geht nicht darum, möglichst viele potenzielle Formen
des Schiffsrumpfes zu erfinden, sondern die wenigen schwimmfähigen Prototypen
schon einmal von allen Seiten anzusehen.

Bei dieser „Ansicht von allen Seiten" hilft es, vier Dimensionen (Abb. 3.1) zu
unterscheiden: Die Kontextklärung umfasst die Projektidee, die damit verbundenen
Chancen, die Situation bei Projektbeginn und die Risiken des Projekts.

Die Chancen
→ Welche Möglichkeiten eröffnen sich?
→ Was können wir dann, was heute noch
  unerreichbar ist?
→ Wie wird sich das Projekt indirekt auf an-
  dere Unternehmensbereiche auswirken?

Die Idee
→ Was soll entstehen?
→ Worum geht es?
→ Wie sieht es am Ende
  wohl aus?
→ Was darf nicht sein?

Das Projekt

Der Beginn
→ Welche Vorarbeiten
  liegen vor?
→ Welche Ressourcen
  stehen zur Verfügung?
→ Wer ist wohl zu
  beteiligen?

Die Risiken
→ Was sollten wir im Blick haben?
→ Welche Vorhaben, die mit der Idee in
  Zusammenhang stehen, sind bereits
  gescheitert?

Abb. 3.1 Dimensionen der Kontextklärung

Anhand der vier Dimensionen können Auftraggeber und Projektleiter erste konkrete Vorstellungen über das Projekt gewinnen. Dabei kommt es darauf an, bei
einzelnen Fragen durchaus in die Tiefe zu gehen und bestimmte Aspekte aus verschiedenen Richtungen zu beleuchten. Einige Beispiele sollen dies verdeutlichen:

*Fragen Sie nicht nur, wie die Projektidee am Ende aussehen soll, sondern auch da-
nach, was nicht sein darf.* Was soll einerseits bewirkt werden, was darf andererseits
auf keinen Fall geschehen? In jedem positiv formulierten Ziel steckt sehr oft auch
ein Tabu, das nicht explizit benannt ist – etwa in dem Sinn: „Wir wollen ein Fahr-
zeug entwickeln, das schnell fährt, vier Räder hat und aussieht wie ein Auto. Aber
es darf keinen Motor haben." Dieses Aber bleibt sehr oft unausgesprochen, wenn
Sie den Auftraggeber nicht explizit danach fragen. Häufig hat dieser ein genaues
Bild vom Endergebnis, das dem Projektleiter aber erst dann deutlich wird, wenn er
es von dem abgrenzt, was nicht sein darf. Die Frage, was auf keinen Fall sein darf,
grenzt die Zahl der Möglichkeiten häufig ganz erheblich ein.

Stecken Sie den Rahmen des Projekts klar ab. Wer ist zu beteiligen, wer erfährt überhaupt von dem Projekt? So erlebte ich ein Projekt in einem internationalen Unternehmen, bei dem der Projektrahmen explizit auf Deutschland festgelegt wurde – und zwar mit der Maßgabe, keinesfalls Mitarbeiter aus anderen Konzerngesellschaften einzubeziehen, weil das Projekt ansonsten durch Entscheider auf internationaler Ebene mitbestimmt würde. Dies wollte man unter allen Umständen vermeiden.

Erörtern Sie die Nebenwirkungen, die das Projekt im Unternehmen verursachen wird. Ein Projekt hat zum Beispiel das Ziel, einen Geschäftsprozess zu optimieren – mit der Nebenwirkung, dass die betroffenen Mitarbeiter Angst um ihren Arbeitsplatz haben. Während das Unternehmen tatsächlich nur eine Prozessverbesserung im Auge hat, unterstellen die Mitarbeiter einen Personalabbau. In diesem Fall wird es unvermeidlich sein, eine Diskussion über Sicherheit und Erhalt des Arbeitsplatzes einzuplanen. Ein anderes Beispiel: Wenn Sie eine SAP-Einführung oder einen Release-Wechsel von SAP planen, wird eine Nebenwirkung sein, dass Sie einen Teil der Mitarbeiter aus dem Tagesgeschäft abziehen müssen. Zudem wird es am Tag X, wenn auf die neue Software umgestellt wird, vielleicht Probleme bei der Datenverarbeitung geben. Doch auch mit positiven Nebenwirkungen ist zu rechnen, etwa wenn andere Unternehmensbereiche dank der neuen Software schneller antworten können oder bessere Daten erhalten. Zu betrachten sind beim Thema „Nebenwirkungen" also auch die internen Beziehungen aufgrund der Arbeitsteilung im Unternehmen: Wie wird sich das Projekt auf Bereiche auswirken, die nicht unmittelbar in die Projektarbeit eingebunden sind?

Überlegen Sie, welche Ressourcen das Projekt von anderen benötigt. Gemeint sind damit nicht nur die personellen und finanziellen Ressourcen, sondern auch Aspekte wie Laborkapazitäten oder inhaltlicher Input aus anderen Abteilungen. Hierzu zählen zum Beispiel bereits vorhandene Planungen aus der Entwicklungs- oder der Konstruktionsabteilung. Eine benötigte „Ressource" kann aber auch darin liegen, dass das Projekt eine häufige Präsenz des Vorstandes erfordert, weil es sich um ein hochgradig politisches Vorhaben handelt, das auf viele Widerstände treffen wird.

Besprechen Sie mit dem Auftraggeber, welches Frühwarnsystem gelten soll, um Projektschwierigkeiten rechtzeitig zu erkennen. Das fängt bei ganz einfachen Vereinbarungen an – etwa indem der Auftraggeber sich verpflichtet, auf seiner Ebene im Führungskreis regelmäßig danach zu fragen, wie sich in den Augen der Linienverantwortlichen der aktuelle Projektstand darstellt. Neben solchen Vereinbarungen gilt es aber auch, Frühwarnindikatoren im Berichtswesen zu verankern (vgl. weiter unten „Projektauftrag", Abschnitt „Risikofaktoren").

Fasst man die genannten Aspekte zusammen, ergibt sich der folgende Fragenkatalog. Er hilft Ihnen dabei, das Gespräch mit dem Auftraggeber vorzubereiten und mit ihm zusammen eine Kontextklärung für Ihr Projekt vorzunehmen:

- Was soll entstehen, passieren, sich verändern?
- Warum ist das gerade jetzt relevant oder notwendig? Was passiert, wenn nichts passiert?
- Was soll bewirkt (Ziele), was verhindert (Tabus) werden?
- Welcher Rahmen wird abgesteckt, welcher Spielraum bleibt?
- Was macht uns optimistisch, was stimmt uns eher pessimistisch?
- Inwieweit scheint die Idee realistisch? Befriedigt die angestrebte Lösung auch tatsächlich das bestehende Bedürfnis?
- Gab es bereits ähnliche Projekte oder Vorhaben? Was wäre daraus zu lernen?
- Mit welchen Nebenwirkungen (auf die Organisation, andere Projekte und Aufgaben, den Wettbewerb …) ist zu rechnen?
- Worüber muss informiert werden, damit Vertrauen zum Projekt entsteht?
- Was braucht das Projekt wohl von anderen?
- Was könnte jetzt oder später schiefgehen?
- Was können oder wollen wir als „Frühwarnsystem" verabreden?
- Bestehen noch Bedenken oder Befürchtungen?

3.1.2 Phase 2: Machbarkeitsanalyse

Die Phase 2, die Machbarkeitsanalyse, stellt die erste Verbindung der Projektidee zur Umwelt und damit zu den Möglichkeiten der Organisation her. In dieser Phase betreibt der Projektleiter Management-by-Walking-around (Kap. 2) und kontaktiert verschiedene Experten in der Organisation, um mit ihnen die mögliche Projektaufgabe zu reflektieren. Hierbei geht es darum, die Projektidee oder den Prototypen des Schiffes von möglichst vielen Seiten anzusehen und schon einmal abzuklopfen und grob zu bearbeiten – um zu sehen, ob sich der Weg in die Werft überhaupt lohnt!

Wie umfangreich die Machbarkeitsanalyse ausfällt, hängt natürlich vom Projekt ab. Im kleinen Unternehmen werden Sie als künftiger Projektleiter in das Management und in die Fachabteilungen gehen. In größeren Unternehmen ergibt sich der Kreis der Interviewpartner aus den Vorkenntnissen über das Projekt: Dann werden Sie die Bereiche aufsuchen, aus denen später voraussichtlich die Teammitglieder kommen werden. Zudem werden Sie alle Mitarbeiter befragen, die bei dem Projekt zuarbeiten sollen oder von denen Sie Vorarbeiten benötigen. Auch werden Sie Termine mit denjenigen vereinbaren, die Ihnen der Auftraggeber als einflussreich und mächtig genannt hat – im Sinne von: „Gut, wenn wir die mit an Bord haben."

In der Regel werden Sie als Projektleiter die Machbarkeitsanalyse mit Gesprächspartnern im Management beginnen, die dann aus ihren Bereichen weitere Leute nennen, die bislang noch gar nicht auf Ihrer Liste standen. Die Analyse wird dann zwar noch umfangreicher als geplant, doch lohnt sich der Aufwand. Die jetzt gesammelten Informationen sind entscheidend, um später den Auftraggeber zuverlässig zu informieren und klar planen zu können. Führen Sie lieber ein Gespräch zu viel als eines zu wenig! Gehen Sie auch Befürchtungen und Gerüchten nach, etwa indem Sie einen Abteilungsleiter fragen: „Wenn ich jetzt einem Schlosser an der Werkbank von diesem Projekt erzählen würde, was glauben Sie, was wird der denken oder sagen?" Oder Sie erzählen direkt einem Meister in der Produktion vom geplanten Restrukturierungsprojekt. Wenn der dann vermutet, dass das Management „da wohl wieder Leute rausschmeißen will", wissen Sie über die Stimmung an der Basis Bescheid.

Die konkreten Fragen hängen natürlich vom jeweiligen Gesprächspartner ab. Mit einem Bereichsleiter werden Sie eher über die strategischen Aspekte des Projekts sprechen, mit dem Teamleiter einer Fachabteilung eher über inhaltliche Gesichtspunkte. Generell können Sie sich aber an folgendem kleinen Fragenkatalog orientieren:

- Was halten Sie von der Idee? Was fällt Ihnen dazu ein?
- Welche weiteren Personen haben wohl auch Erwartungen oder Interesse an dem Projekt? Von wem ist Widerstand zu erwarten?
- Welche Gerüchte, Spekulationen oder Befürchtungen gibt es bereits im Umfeld?
- Sind andere Arbeiten von dem Projekt betroffen (Abhängigkeiten, Abstimmungen, Einbindungen …)?
- Gibt es konkurrierende Projekte?
- Was benötigen Sie, um das erwartete Ergebnis des Projekts als klar formuliert und sinnvoll anzusehen?
- An wen denken Sie bei der Besetzung des Projektteams? Wer muss nicht im Team mitarbeiten, aber über den Stand der Dinge informiert werden?
- Inwiefern ist eine Linienfunktion, inwiefern eine Fachverantwortung betroffen?

3.1.3 Phase 3: Entscheidung

Der Auftrag ist geklärt, nun kann darüber entschieden werden. In Phase 3 treffen sich Projektleiter und Auftraggeber wieder, jetzt allerdings nicht mehr zur Erkundung, sondern zur Entscheidung. In dieser Phase handeln beide bereits in der später notwendigen Rollenverantwortung als Projektleiter und Auftraggeber (vgl. Kap. 1).

Der Projektleiter hat seine Gesprächsergebnisse aus der Machbarkeitsanalyse ausgewertet und unterbreitet dem Auftraggeber einen ersten Vorschlag zur Umsetzung in Projektform. Grundlage hierfür ist ein schriftlich vorbereiteter Projektauftrag, den der Projektleiter dem Auftraggeber vorlegt. Dieser Projektauftrag kann das Vorhaben auf einer Seite kurz skizzieren oder einen Umfang von 100 Seiten haben – je nach Projektgegenstand und Formalisierungsgrad des Projektmanagements in einem Unternehmen.

Auf jeden Fall bildet der Projektauftrag die Grundlage, auf der nun der Auftraggeber über den Start des Projekts entscheidet. Der Projektauftrag ist daher ein ganz zentrales Dokument, das Sie als Projektleiter im Vorfeld des eigentlichen Projekts erstellen. Welche Elemente ein solcher Projektauftrag enthält und worauf Sie dabei achten müssen, beschreiben die folgenden Abschnitte.

3.2 Projektauftrag

Der Projektauftrag, den der Projektleiter dem Auftraggeber zur Entscheidung vorlegt, umfasst sechs zentrale Themen: Anlass und Begründung des Projekts, Projektzielbeschreibung, Wirtschaftlichkeit, Risikofaktoren, Berichtsmodus, Abschätzung der Ressourcen.

3.2.1 Anlass und Begründung des Projekts

Projekte sind in der Regel „neben dem Tagesgeschäft" zu erledigen, zudem konkurrieren sie oft um knappe Ressourcen für das Projektbudget. Ein neues Projekt braucht daher sowohl gegenüber den Entscheidern als auch gegenüber den Führungskräften und Mitarbeitern in der Organisation eine gute Argumentation: Welchen Nutzen für die Organisation bringt es beziehungsweise welcher Schaden lässt sich damit abwehren? Welche Möglichkeiten kann es erschließen, die der Organisation sonst nicht zur Verfügung stünden? Und nicht zuletzt: Warum wird dieses Vorhaben als Projekt bearbeitet und nicht innerhalb der bestehenden Organisation zum Beispiel einer Fachabteilung übertragen?

Besonders der letzte Punkt berührt das vitale Interesse des Auftraggebers, der ja zunächst einmal für das Management der bestehenden Organisation verantwortlich ist. Und von eben dieser bestehenden Organisation, also den Bereichs- und Abteilungsleitern, werden Projekte kritisch beäugt – wird doch befürchtet, dass ein Projekt ihnen Kompetenzen stiehlt oder Zukunftsfelder besetzt, die man selbst gern behalten oder erhalten hätte. Genau die Personen, die diese Befürchtung äußern, sind in der Regel den Managern unterstellt, die nun als Auftraggeber für Projekte auftreten!

Ein Auftraggeber wird deshalb immer bestrebt sein, die berechtigten Interessen seiner direkten Mitarbeiter und die des Projekts auszutarieren. Keine leichte Aufgabe, wenn man bedenkt, dass ein Projektauftrag auch immer eine Entscheidung über die Verlagerung von Einfluss und Ressourcen von der Linienorganisation hin zum Projekt ist.

Diesen Zusammenhang sollte ein Projektleiter beachten, wenn er den Projektauftrag verfasst. Am besten hält er sich hier an die alte Weisheit, dass der Wurm nicht dem Angler, sondern dem Fisch schmecken muss. Sprich: Der Projektleiter liefert dem Auftraggeber die Argumente, die dieser benötigt, um wiederum die Linienverantwortlichen von dem Projekt zu überzeugen. Hierzu kann er auf die Erkenntnisse der Machbarkeitsanalyse zurückgreifen, für die er mit den Führungskräften der Linie Gespräche geführt hat.

In der Projektbegründung konzentriert sich der Projektleiter also nicht nur auf das sachlich Notwendige, sondern liefert dem Auftraggeber bereits hier eine schlüssige Argumentation, warum diese Aufgabe als Projekt organisiert werden sollte. In der Regel wird er mit Zeit- und Kostenvorteilen argumentieren – indem er etwa darauf hinweist, dass die Aufgabe so komplex sei, dass eine Abteilung allein sie nicht lösen könne. Wenn aber verschiedene Fachbereiche und Disziplinen zusammenarbeiten müssen, sei ohnehin eine Koordinierungsfunktion notwendig – und die lasse sich am besten über ein Projekt organisieren. Das sei wesentlich effizienter, als wenn drei Fachabteilungen versuchten, etwas Gemeinsames zu bewerkstelligen (und in Wirklichkeit vor allem darüber streiten, wer die Oberhand hat).

In der Regel wird der Argumentationsstrang in etwa so laufen: Das Thema, das wir angehen wollen, ist fachbereichsübergreifend – deshalb benötigen wir eine Koordinationsform. Da wir diese Koordination aber nur für eine gewisse Zeit benötigen, wäre es falsch, in die bestehende Linienorganisation einzugreifen. Also sollten wir die zeitlich begrenzte Koordinationsform „Projekt" wählen.

Umgekehrt sollte eine Aufgabe, die sich besser in der Linie erledigen lässt, nicht zum Projekt auserkoren werden. Wie in der Seefahrt: Auch hier gilt es ernsthaft zu prüfen, ob die Projektfracht im Unternehmensinteresse nicht besser auf die Schiffe im regulären Liniendienst verteilt werden kann! Wenn ein Reeder eine Ladung Bananen von Santiago de Chile nach Kiel bringen will, kann er den regulären Liniendienst nutzen, muss dann aber die Bananen von Santiago nach São Paolo transportieren, dort in Container verladen und dann in Rotterdam erneut umladen. Oder er fährt die Ladung direkt im eigenen Schiff ans Ziel. Auch hier möchte der Auftraggeber wissen: Was kostet die eine, was die andere Alternative? Welche zeitlichen Vor- und Nachteile ergeben sich?

3.2.2 Beschreibung des Projektziels

Sie kennen das: Projekte, die „schon mal anfangen", „loslegen" oder „erst mal schauen, wie das anläuft". Allen Varianten ist gemeinsam, dass die klare Orientierung und Route fehlt. Die meisten Projekte, die ich gesehen habe, laufen nach diesem Schema. Da verlautet zum Beispiel bei einem Entwicklungsprojekt der Auftraggeber: „Dieses Auto muss besser werden." Der eine Spezialist versteht dann darunter, dass das Auto leichter werden muss, der andere, dass es schwerer sprich: aus hochwertigeren Materialien gebaut sein soll – und der Dritte geht davon aus, dass das neue Auto mehr Extras haben soll. Der Projektleiter interpretiert „besser" schließlich mit „mehr Extras" – und erst nach Monaten macht der verärgerte Auftraggeber klar, dass er mit „besser" doch selbstverständlich „weniger Benzinverbrauch" gemeint habe.

Ein typischer Fall: Der Auftraggeber geht davon aus, dass alle Beteiligten seine Vorstellungen doch genau kennen. Keiner wagt wirklich nachzufragen – und auf eine schriftliche Fixierung der genauen Projektziele wird verzichtet.

Dabei ist es doch eigentlich eine Binsenweisheit: Nur ein Kapitän, der das Ziel kennt, kann seinen ersten Kurs abstecken und sich auf die Führung der Mannschaft und die Beobachtung des Horizontes konzentrieren. Bezogen auf das Projektmanagement heißt das, ein Projektauftrag benötigt ein klares, operationales, konkretes und messbares Ziel. Ein Projektauftrag sollte dieses Ziel klar benennen und Antwort auf folgende Fragen geben:

• Was soll am Ende des Projekts fertiggestellt sein?
• Anhand welcher Kriterien wird der Erfolg des Projekts festgestellt?
• Wer soll mit welchem Verfahren den Erfolg messen?
• Welche Unternehmensziele sollen durch das Projekt befördert werden?

Eine ebenso sinnvolle wie notwendige Hilfe ist hierbei die SMART-Regel zur Zielbildung (vgl. Kap. 5). Festzuhalten ist: Wer ohne Ziel, mit der Haltung „Der Appetit kommt beim Essen" die Leinen losmacht und ins Blaue segelt, wird viel Energie darauf verwenden müssen, die Mannschaft wegen häufiger Kursänderungen bei Laune zu halten.

3.2.3 Wirtschaftlichkeit

Projekte sind kein Selbstzweck, sondern müssen der ökonomischen Bewertung nach „Gewinn- und Verlustrechnung" standhalten. Dabei ist ein Projekt zunächst natürlich eine Investition, deren Ertrag erst zu einem späteren Zeitpunkt eintritt.

Umso wichtiger ist es für den Projektleiter, bereits während der Auftragsklärung den Auftraggeber von dieser Investition zu überzeugen. Es kommt darauf an, eine belastbare Argumentationskette vorzulegen, die die Projektinvestition bereits in dieser frühen Phase als gerechtfertigt erscheinen lässt.

Mit Blick auf den Projektauftrag hat es sich bewährt, darin aufzuzeigen, welche wirtschaftliche Änderung angestrebt wird – und darzulegen, welche Konsequenzen die Nicht-Umsetzung des Projekts haben kann. Damit hier kein Missverständnis entsteht: In dieser Phase der Auftragsklärung soll und kann keine vollständige Investitionsrechnung vorgelegt werden (dies könnte später einer der Meilensteine sein). Es sollten jedoch durchaus stichhaltige Argumente formuliert werden, die der betriebswirtschaftlichen Logik entsprechen.

Meist ist das kein Problem. Jedes Unternehmen verfügt im Zuge seiner jährlichen Planung bereits über Methoden, bei denen es eine gewisse Routine und Treffsicherheit im Schätzen entwickelt hat. Auf diese Erfahrungen und Methoden kann ein Projektleiter zurückgreifen, um die Wirtschaftlichkeit einer Projektidee abzuschätzen – um so dem Auftraggeber eine gute Entscheidungsgrundlage zu liefern.

3.2.4 Risikofaktoren

Es liegt in der Natur eines Projekts: das Risiko. Projekte zu leiten bedeutet, unter Risiko zu entscheiden. Der Weg zum Ziel ist nur teilweise bekannt, die Mannschaft neu zusammengesetzt, und das Umfeld zeichnet sich oft nur in Umrissen ab. Wäre es nicht so, würde die Aufgabe nicht im Rahmen eines Projekts bearbeitet, sondern wäre Angelegenheit einer zuständigen Fachabteilung oder Stabstelle. Also: Wer einen Projektauftrag wirklich klären will, der wird auch über Risiken sprechen!

Typische Risiken liegen im personellen Bereich, dass etwa Mitarbeiter später nicht in dem Maße für das Projekt zur Verfügung stehen, wie dies geplant wurde. Oder das im Hause vorhandene Wissen ist am Ende dürftiger als gedacht. Zu solchen internen Risiken kommen externe: Auch der Wettbewerb arbeitet an einer ähnlichen Produktentwicklung – möglicherweise ist er erfolgreicher als das eigene Team. Und die Kunden könnten am Ende nicht mitspielen, wenn sie das teuer entwickelte Produkt nicht – wie erwartet – kaufen.

Aufgabe des Projektleiters ist es, diese Risiken zu definieren und im Auge zu behalten. Hierzu einigt er sich mit dem Auftraggeber auf ein Frühwarnsystem, das er im Projektauftrag beschreibt. Grundsätzlich hat das Frühwarnsystem die Funktion, vor Risiken zu warnen, die zwar unwahrscheinlich sind, aber im Eintrittsfall das Projekt in hohem Maße gefährden. Dagegen benötigt man für Risiken mit hoher Eintrittswahrscheinlichkeit kein Frühwarnsystem, sondern bereits ein echtes Risikomanagement; sollten sie eintreten, muss der Projektleiter mit ihnen rechnen und umgehen können.

Hier zeigt sich dann auch der Unterschied zwischen gelassenen Kapitänen, die wissen, dass Wetter ein teilweise unberechenbares, aber zugleich natürliches Phänomen auf Seereisen ist, und „verkopften" Seekadetten, die meinen, dass gutes Seemannshandwerk die Ausschaltung aller Risiken bedeutet. Klar ist: Auch die beste Vorbereitung wird Orkane nicht verhindern können, wohl aber ein Verfahren festlegen, wie sie frühzeitig erkannt und bewältigt werden können.

In der Praxis reichen die in Projekten eingesetzten Frühwarnsysteme von ausgefeilten mathematischen Modellen bis hinunter zu sehr händischen Vorgehensweisen – etwa dass der Projektleiter für jedes Risiko eine Karteikarte anlegt, auf der er Beobachtungen und andere Warnsignale sofort notiert. Wichtig ist vor allem eines: Das Risiko-Monitoring ist eine essenzielle Aufgabe des Projektleiters, für die er die Verantwortung trägt und die er nicht an sein Team delegieren kann. Denn welcher Forscher würde schon offen darüber informieren, wenn er erfährt, dass die Konkurrenz bei seinem Thema einen Vorsprung hat?

Ein effektiver Projektleiter wird bereits in der Auftragsklärung den Auftraggeber dafür sensibilisieren, welche Schwierigkeiten im Projektverlauf auftreten können und welches System zur Beobachtung und zum Management von Risiken er anwenden wird. Dabei reicht es im Rahmen des Projektauftrags aus, das System zu beschreiben – die Bewertung der einzelnen Risiken erfolgt dann erst in der Planungsphase. Oder um es anders zu sagen: Das Wetter ist nicht beeinflussbar, aber wo die Regenkleidung und die Sonnencreme liegen, damit sie schnell zur Hand sind, muss vorher geregelt sein.

3.2.5 Berichtsmodus

Der Projektauftrag ist der ideale Zeitpunkt, um das Berichtswesen in zeitlicher Intensität und in zeitlichem Umfang festzulegen. Wie möchte der Auftraggeber informiert werden – regelmäßig oder anlassbezogen, detailliert oder im Überblick, schriftlich oder mündlich? Auch hier hat es sich bewährt, wenn ein Projektleiter nicht auf die – vielleicht unerfüllbaren – Wünsche seiner Entscheider wartet, sondern proaktiv einen Vorschlag unterbreitet, der ihm eine effektive Projektsteuerung ermöglicht.

Bei der Festlegung des Projekt-Berichtswesens haben sich in der Praxis folgende Grundsätze bewährt.

3.2.5.1 Entscheidungen fallen bei offiziellen Projektbesprechungen

Zu unterscheiden sind Statusberichte, die den Auftraggeber über den Stand der Dinge informieren, und offizielle Anlässe wie Meilensteine, bei denen der Auftraggeber Entscheidungen trifft. Einen Projektstatusbericht gibt der Projektleiter in regelmäßigen Abständen, meist auf einem vorgefertigten Formblatt. Der Bericht dient nur dazu, kurz zu visualisieren, ob das Projekt auf der Spur ist – oft auch mit Hilfe von Symbolen wie Ampelfarben (Rot, Gelb, Grün), Smileys (lächeln, neutral, traurig) oder Plus-Minus-Zeichen (+ , Ø , –).

Demgegenüber sind offizielle Projektbesprechungen mit dem Auftraggeber immer dann angezeigt, wenn etwas zu entscheiden ist. Meilensteine sind solche typischen Zeitpunkte. Doch Vorsicht: Anlässe, an denen entschieden werden muss, entstehen nicht, weil die Termine im Kalender stehen – sondern nur dann, wenn es der sachliche Projektfortschritt verlangt. Es ist also durchaus möglich, wenn nicht sogar wahrscheinlich, dass ein in sechs Monaten und vier Tagen geplanter Meilenstein sich verschiebt, weil auf der Strecke dahin Unvorhergesehenes passiert.

Lassen Sie sich Ihre Projektbesprechungen mit dem Auftraggeber also nicht vom Terminkalender diktieren, sondern treffen Sie dann mit ihm zusammen, wenn Sie seine Rolle als Entscheider mit Macht und Einfluss wirklich brauchen! Nun können Sie als Projektleiter natürlich nicht frei über die Zeit Ihres Auftraggebers verfügen. Daher läuft es in der Praxis meist so, dass Termine für Projektbesprechungen zunächst blockiert werden und dann einem vorausschauenden Terminmanagement unterliegen. Termine werden so von vornherein bestätigt oder freigegeben.

Die Ergebnisse dieser Sitzungen werden stets protokolliert und damit schriftlich dokumentiert. Je nach Entscheidungsumfang sollten auch im Projekt weitere formale Regeln der Organisation greifen – wie Unterschriftenbefugnis, Gremienbefassung oder Mitzeichnungen. Hüten Sie sich jedoch vor Wortprotokollen, für deren nachträgliche Abstimmung sie dann beinahe ein eigenes Teilprojekt gründen müssten (vgl. Kap. 4)!

3.2.5.2 Das Wichtige läuft informell

Neben den offiziellen Terminen ist eine vertrauliche und informelle Informationspolitik mit dem Auftraggeber für eine erfolgreiche Projektführung entscheidend. Erfahrene Seebären ergründen vorher die Meinung ihres Reeders, bevor sie ihm einen offiziellen Entscheidungsvorschlag unterbreiten. Machen Sie es als Projektleiter genauso: Vereinbaren Sie mit Ihrem Auftraggeber einen Jour fixe, bei dem Sie zwanglos unter vier Augen anstehende Entscheidungen sondieren können.

Es liegt auf der Hand, dass von solchen Gesprächen keine Protokolle angefertigt werden. Das Ergebnis wird sich ohnehin als Ihr Entscheidungsvorschlag in der offiziellen Projektbesprechung wiederfinden. Der Nutzen dieser Gespräche liegt nicht darin, den Entscheider von vornherein „festzunageln". Vielmehr ist es Ihr Ziel, im Vorfeld die Interessenlagen zu erkunden und ein aktuelles Feedback aus der Organisation einzuholen.

3.2.5.3 Details gehören ins Projektteam

In Kap. 1 haben Sie den Übervater, den Typus des detailinteressierten Auftraggebers, und seinen negativen Einfluss auf die Projektsteuerung kennengelernt. Wenn Sie nun den Berichtsmodus festlegen, bietet sich eine gute Chance, den Auftraggeber auf seine Rolle zu verweisen und ihn nicht zum Übervater zu verführen. Vermeiden Sie detaillierte Berichte, die den Auftraggeber dazu einladen, sich mit Details zu befassen.

Legen Sie stattdessen fest, dass der Auftraggeber bei Detail-Wünschen mit dem jeweiligen fachlichen Spezialisten aus dem Projektteam zusammentrifft – und dass Sie über das Ergebnis des Treffens informiert werden. So stellen Sie sicher, dass bei Bedarf ein fachlicher Austausch „läuft" – aber nicht an Ihnen vorbei.

3.2.6 Abschätzung der Ressourcen

Im Verlauf der Machbarkeitsanalyse haben Sie ein erstes Bild davon gewonnen, welchen Umfang das Projekt wohl annehmen wird. Sie wissen, wer im Unternehmen einen Beitrag leisten kann und noch einzubinden ist. Somit können Sie eine Aussage über die Größe des Projektteams treffen und abschätzen, welche Ressourcen es in Anspruch nehmen wird. Hierzu zählen auch Labor- oder Produktionskapazitäten, die benötigt werden, um zum Beispiel ein Produkt zu entwickeln oder einen Prototypen zu erstellen. Versuchen Sie, alle benötigten Ressourcen möglichst in Euro auszudrücken – zum Beispiel indem Sie bei den Personalressourcen einen bestimmten Stundensatz zugrunde legen.

Schätzen Sie den Ressourcenbedarf sorgfältig ab und führen Sie diesen Abschnitt im Projektauftrag gut nachvollziehbar aus. Denn hier berühren Sie – wie schon ausgeführt – eine der zentralen Fragen, die den Auftraggeber interessieren: Welche Ressourcen werden wir der Linienorganisation entziehen müssen? Und für wie lange? Gut, wenn ein Projekt-Kapitän seinen Reeder da frühzeitig orientieren kann.

3.3 Mikropolitik: Interessen aktiv regulieren

Die Auftragsklärung ist durchgeführt, der Projektauftrag erstellt, der Auftraggeber hat darüber entschieden – nun kann das Projekt starten. Auch weiterhin zählt es zu den Kernaufgaben des Projektleiters, das „Ohr auf der Schiene" zu halten und Interessen aktiv zu regulieren. Nur so wird er zum Beispiel Konflikte erkennen und beseitigen, bevor sie den Projekterfolg gefährden.

Wie essenziell dieses Austarieren der Interessen ist, wird deutlich, wenn wir uns noch einmal das Wesen eines Projekts vor Augen führen: Anders als in der fachlich gegliederten Linienorganisation, bei der manchmal jeder hinter seinem Gartenzaun agiert und die Schnittstellen minimiert oder messerscharf klärt, geht ein Projektauftrag meist quer über alle Gartenzäune und hält sich keineswegs immer an die vertrauten Spielregeln. Projekte missachten bis zu einem gewissen Grad die bestehende Organisation – und irritieren deren Führungskräfte, die ständig bemüht sind, die Prozesse in der eigenen Abteilung am Laufen zu halten.

Dem Projektleiter obliegt es nun, durch seine Kommunikationsweise diese Irritationen so abzumildern, dass hieraus keine Konflikte erwachsen. Das erfordert viele Kontakte und frühzeitiges „Hineinhören" in die Organisation, aber auch viel vorbereitendes Erklären und Einbinden. Ich habe schon manchen eigentlich exzellenten Projektleiter erlebt, der leider in seinem Kämmerlein still und allein vor sich hinarbeitete – und die Erfahrung machen musste, dass die beste Lösung nichts wert ist, wenn sie die Beteiligten unvermittelt erreicht.

Machen Sie sich daher ausführlich Gedanken, wie Sie Ihren Auftraggeber „abholen" können und von ihm frühzeitig erfahren, was er gerade über Ihr Vorhaben denkt. Dabei hilft taktisches Vorgehen, zum Beispiel ein kleiner Umweg, der einmal den Ball der Information über die Banden (also eine dritte Person) spielt – eben das, was ich Mikropolitik nenne. „Mikro" bedeutet: in einem kleinen Kosmos. Es geht darum, in Zwei- bis Sechs-Augen-Beziehungen zu agieren, also im Unterschied zu einer Betriebsversammlung auf der Makro-Ebene direkt die Individuen anzusprechen.

Viele Projektleiter, gerade wenn sie aus einem technischen Kontext kommen, stellt die Mikropolitik vor neue Anforderungen. Eine gute Hilfe, Mikropolitik anzugehen, ist die im folgenden Abschnitt vorgestellte Taktikmatrix.

3.3.1 Die Taktikmatrix

Natürlich ist Mikropolitik eine Angelegenheit, die erfahrene Projektleiter auch intuitiv gut betreiben – etwa in dem Sinne: „Geh hinaus, sei aufmerksam, sorge dafür,

	Entscheider A	Entscheider B	Entscheiderin C	Assistent/ Berater von A	....
Fokus des Entscheidungsverhaltens	zahlen- und faktenorientiert	will der Erste sein, der eingeweiht wird	macht- und absicherungs- orientiert („Meine Projekte laufen alle")	wird Terminplan der Gesamt- projektsteuerung eingehalten?	....
lässt sich beraten von	Assistent und Bereichsleiter GH	„seinem" Bereichsleiter Personal	Coach Frau R.	??	....
Projekterfolg ist …	sehr wichtig, weil Eigentümer dies von ihm erwarten	egal/neutral, solange das Personal- kostenbudget nicht steigt	wichtig, wenn A damit gut bei den Eigentümern „dasteht"	wichtig, weil dies sehr wichtig für A ist	....
Eine Zustimmung zu einem Vorschlag bekommt man von… wahrscheinlich dann, wenn…	• die Vorteile in Stichworten und Zahlen auf einer Seite zusammengefasst sind und • die Argumente des B schon behandelt sind	• nachgewiesen wird, dass amerikanische Unternehmen auch so verfahren • der „Faktor Personal" positiv und als produktiv herausgestellt wird	sie sicher ist, dass der Vorschlag angenommen wird	er eine schriftliche Info bekommt, die er kürzen und dann als seine verkaufen kann	
gar nicht mag…, wenn	nur qualitativ argumentiert wird und „Marketinggründe" angeführt werden	es „die Technik so fordert" und daraus eine Zwangsläufigkeit („Anders geht es nicht"), abgeleitet wird	in der Diskussion Punkte genannt werden, auf die sie sich nicht vorbereitet hat	seine Ideen nicht in Beisein von A und C gewürdigt werden; wenn B ihn kritisiert	

Abb. 3.2 Taktikmatrix

dass jeder die Information dann erhält, wenn er sie braucht" –, und das in einer Form, die er verarbeiten kann. Dennoch kann es hilfreich sein, diese Aufgabe zu planen und strategisch umzusetzen.

Ein hierfür bewährtes Werkzeug ist die Taktikmatrix (Abb. 3.2). Mit ihrer Hilfe ermitteln Sie systematisch, wie Sie wen was fragen wollen – sprich: welche Argumente sie wann an wen herantragen, um ihr Projekt in der Organisation zu verankern.

Dargestellt ist in diesem Beispiel folgende Situation: Der Projektleiter möchte zusätzliche Ressourcen beantragen. Etwa vierzehn Tage vor der entscheidenden Projektsteuerungssitzung entwirft er die dargestellte Taktikmatrix, um die Sitzung vorzubereiten. Um die Entscheider mit seinem Ansinnen nicht „kalt" zu erwischen, bestimmt er mit Hilfe der Matrix sein Vorgehen im Vorfeld der Projektsteuerungs-sitzung.

Was lässt sich nun aus der Beispiel-Matrix ablesen? In den Spalten der Matrix sind die für die Entscheidung relevanten Personen (Entscheider A, Entscheider B, Entscheiderin C sowie der Assistent von A) angeführt, in den Zeilen deren Ver-haltensweisen und Vorlieben für einzelne mikropolitisch wichtige Aspekte. Zum

Beispiel verhält sich Entscheider A (1. Spalte) zahlen- und faktenorientiert, lässt sich von seinem Assistenten beraten, hat großes Interesse am Projekterfolg, möchte Vorschläge auf einer Seite präsentiert erhalten und mag es gar nicht, wenn nur qualitativ argumentiert wird (Zeilen 1 bis 5). Auf die gleiche Weise sind in den folgenden Spalten die anderen „Spieler" charakterisiert.

Hieraus kann der Projektleiter nun folgende Strategie ableiten:

- Zunächst trifft er Entscheider B und Entscheiderin C, um nach deren Meinung und Interessen zu forschen. Wichtig ist ein frühzeitiges Einbeziehen der beiden auch deshalb, weil sie Zeit benötigen, sich mit ihren Beratern – B mit dem Bereichsleiter Personal, C mit ihrem Coach – zu besprechen. Hierzu lässt der Projektleiter ihnen etwa eine Woche Zeit.
- Gleich nach den Gesprächen mit B und C vereinbart der Projektleiter Termine mit Entscheider A und seinem Assistenten – und zwar so, dass der Termin mit A mindestens drei Tage nach dem Treffen mit dem Assistenten stattfindet. So ist der Assistent vorbereitet, wenn sein Chef sich meldet, um seine Meinung zu hören.
- Eine Woche nach den Erstgesprächen mit B und C telefoniert der Projektleiter erneut mit diesen beiden, um deren aktuelle Position abzufragen. Auf dieser Grundlage skizziert er den Entscheidungsvorschlag für die Sitzung.
- Dieses Papier leitet er an den Assistenten mit dem Vermerk „Entwurf" so weiter, dass dieser es ohne Probleme redigieren kann – denn er weiß: Die Befürwortung des Assistenten erhält er am ehesten, wenn dieser eine schriftliche Information bekommt, die er kürzen und dann als seine verkaufen kann.
- Nach den abschließenden Gesprächen mit A und seinem Assistenten schreibt der Projektleiter dann seine Entscheidungsvorlage für das Steuerungsgremium und sendet diese per Mail an A, B und C mindestens zwei Tage vor der Projektbesprechung.

Die Taktikmatrix zwingt den Projektleiter, sich ernsthaft Gedanken über seine mikropolitische Strategie zu machen: Nach welchen Kriterien entscheidet der Auftraggeber eigentlich? Wie sollte man vorgehen? Und wie sollte man die Vorlage verfassen, damit die Entscheider das Thema so serviert bekommen, dass es ihnen schmeckt wie der Wurm dem Fisch? Die meisten Projektleiter lieben ihr Projekt und laufen deshalb Gefahr, den Vorschlag so zu präsentieren, dass er ihnen – dem Angler statt dem Fisch – gefällt. Vor dieser Falle kann die Taktikmatrix wirksam schützen. Grundsätzlich ist sie offen für eine Vielzahl von Aspekten, die mikropolitisch wichtig sind. Welche von ihnen im speziellen Projektkontext relevant werden, ist nur im Einzelfall entscheidbar und hängt stark von der jeweiligen Organisationskultur ab. In der Beispielmatrix sind fünf Aspekte angeführt, je nach Situation können es wesentlich mehr oder auch andere sein. Prüfen Sie anhand der folgenden Liste, welche Aspekte im konkreten Fall relevant sind – und ergänzen oder ändern Sie dementsprechend die Matrix (Spalte ganz links). Füllen Sie dann die Matrix aus, indem Sie für jeden Aspekt überlegen, wie sich die einzelnen Spieler hier verhalten.

Die dargestellte Liste kann kein vollständiger Katalog sein. Doch enthält sie sicherlich zwei Drittel aller Aspekte, die in der Mikropolitik des Projektmanagements vorkommen können. Jeden der folgenden Aspekte können Sie wie einen Baustein als eigene Zeile in die Taktikmatrix einfügen.

Mögliche Aspekte der Taktikmatrix
„Hip" ist das Thema/die Person
Bedeutung individueller Handlungsspielräume
Bedeutung von Fairness/Gerechtigkeit
Bedürfnis nach Sicherheit
Begeisterung für Projektarbeit
Beziehung zu den anderen Auftraggebern
Beziehung zum Projektleiter/Projektteam
Ergebnisorientierung
Ergreifen von Initiative
Genauigkeit/Exaktheit einer Lösung
Hat Einfluss auf …
Image
Internationalität
Kundenorientierung
Lässt sich beraten von …
Leistungsorientierung
Mitarbeiterorientierung
Qualitätsorientierung
Regelorientierung
Risikobereitschaft
Strategische Passung
Tabu ist das Thema/die Person
Umgang mit Neuem/Herausforderungen
Wertigkeit von Berechenbarkeit
Wettbewerbsorientierung

3.4 Fazit – worauf es ankommt

Wenn Sie als Projektleiter die Interessen Ihres Auftraggebers vorausschauend ermitteln, können Sie Ihre Beziehung zu ihm bewusst und zielgenau gestalten. Auf diese Weise haben Sie viele Fragen bereits beantwortet, bevor der Auftraggeber sie stellt. Damit zeigen Sie Ihre Kompetenz als Projektleiter, stärken Ihre Position und Ihren informellen Einfluss, den Sie für eine wirkungsvolle Projektsteuerung dringend benötigen.

Wie im ersten Teil des Kapitels ausgeführt, gilt das ganz besonders für die Anfangsphase des Projekts. Bereits bei der Auftragsklärung kommt dem Projektleiter diese aktive, steuernde Rolle zu. Ein Fünftel bis ein Viertel des gesamten Arbeitsaufwandes, die der Projektleiter in sein Projekt steckt, sollte auf diese Phase entfallen! Für 99 % aller Projektleiter ist das eine völlig undenkbare Empfehlung, sie huschen stattdessen über die Anfangsphase hinweg – nach dem Motto: Lass uns doch einfach mal anfangen. Doch genau dadurch vergeben sie sich die Chance, gleich zu Beginn des Projekts die Regie zu übernehmen.

Auf genau dieses Übergehen der Anfangsphase lassen sich die drei häufigsten Fehler aus der Praxis zurückführen:

- Vorschnelles Commitment. Projektleiter und Auftraggeber sind sich zu schnell einig. Sie sehen eine umfassende Auftragsklärung als überflüssig an, weil sie „ja wissen, was sie meinen", und kommen zu dem Schluss, sofort mit dem Projekt loszulegen.
- Fehlende Machbarkeitsanalyse. Anstatt offen in die Interviews zu gehen, hat der Projektleiter bereits eine fertige Projektidee im Kopf, für die er die Bestätigung sucht. Dadurch ist er nicht mehr in der Lage, nach Alternativen zu fragen. Wichtige Aspekte, die für den Projekterfolg entscheidend sind, bleiben unentdeckt.
- Kein klarer Auftrag. In der Mehrzahl der Fälle versäumt es der Projektleiter, dem Auftraggeber einen Projektauftrag mit einem klaren, schriftlich formulierten Projektziel zur Entscheidung vorzulegen.

Ein viertes Praxisproblem liegt darin, dass der Auftraggeber sich zu sehr in Details einmischt und dem Projektleiter Vorgaben macht, anstatt über dessen Vorschläge zu entscheiden – es tritt der in Kap. 2 beschriebene „Übervater" auf. Hier ist es wichtig, dass der Projektleiter den Auftraggeber mit seinem Verhalten konfrontiert und das Projekt von Anfang an auf belastbare Schienen bringt.

Und was tun, wenn der Auftraggeber auf einen schnellen Projektstart drängt? Auch dann sollte der Projektleiter Einspruch einlegen und auf die Bedeutung der Auftragsklärung hinweisen – etwa in dem Sinn: „Es tut mir leid, lieber Auftraggeber, ich habe aber noch nicht mit Herrn X und Frau Y gesprochen. Wenn ich mir ansehe, wofür die beiden fachlich verantwortlich sind, haben sie sicher Wichtiges beizutragen. Und ich glaube, es ist für uns beide besser, wenn wir ihre Meinung kennen, bevor wir in das Projekt gehen – und dann womöglich im Nachhinein ihre Hinweise mit großem Aufwand in das Projekt integrieren müssen. Besser wir wissen es vorher."

Genau das ist der entscheidende Punkt: Was der Projektleiter in der Vorphase versäumt oder falsch macht, lässt sich im Nachhinein nur noch mit großem Aufwand nachholen oder reparieren. Besonders wichtig ist dabei der Umgang mit dem Auftraggeber, dessen Bedeutung für ein effizientes Projektmanagement häufig unterschätzt wird. Da er für das Projekt die notwendigen Ressourcen und die erforderliche Rückendeckung gibt, bedarf er einer besonderen Aufmerksamkeit und „Pflege". Hier ist der Projektleiter ganz klar in der Bringschuld: Seine Aufgabe ist es, den Auftraggeber auf dem Laufenden zu halten – und diese Kommunikation sollte nicht zufällig, sondern absichtsvoll und gut geplant sein.

Auf der Brücke Klartext reden – Wirkungsvolle Kommunikation

4

> ▸ Ein guter Projekt-Kapitän handelt vorausschauend. Um das Projektschiff erfolgreich zum Ziel zu steuern, muss er vom ersten Augenblick an agieren, eine klare Informationspolitik betreiben – und vor allem für wirkungsvolle Kommunikation sorgen. Dieses Kapitel macht Sie mit den hierfür notwendigen Werkzeugen vertraut. Außerdem lernen Sie die Regeln für effiziente Projektbesprechungen kennen.

„Sie wissen ja, was ich meine!" Wie leicht ist dieser Satz dahingesagt – als Bitte oder Anweisung des Projektleiters an ein Teammitglied. Der Angesprochene glaubt zu wissen, was der Projektleiter meint, und verzichtet darauf, noch einmal nachzufragen. Und hinterher, wenn das Ergebnis nicht stimmt? Dann ist es dem Projektleiter völlig unverständlich, warum seine einfache Bitte nicht umgesetzt wurde: So habe er es weder gewollt noch gesagt! Die korrekte Antwort des Mitarbeiters hätte also lauten müssen: „Nein, ich höre nur, was Sie sagen." Und vielleicht hätte er dem Projektleiter dann noch einen Hinweis in Sachen Kommunikation erteilen können:

Denn wenn ich höre, was Sie sagen,
und Sie sagen, was Sie meinen,
und wir gemeinsam verstehen, was Sie sagen,
erst dann habe ich verstanden, was Sie meinen.

Da aber normalerweise ein Mitarbeiter seinem Vorgesetzten keine Lektion erteilt, nimmt das Verhängnis seinen Lauf. Der Mitarbeiter, womöglich sogar das ganze Team, arbeitet in die falsche Richtung. Nicht nur Zeit und Geld werden verschwendet, nein, Konflikte sind vorprogrammiert, wenn am Ende der Schuldige für das verfehlte Ergebnis gesucht wird.

Als Projektleiter können Sie sich solche Reibungsverluste nicht leisten. Deshalb ist sie so wichtig: die absichtsvolle und strukturierte Kommunikation. Während wir uns in Kap. 3 mit dem Verhältnis zwischen Projektleiter und Auftraggeber befasst

O. Hinz, *Der Projekt-Kapitän*, DOI 10.1007/978-3-658-01451-3_4,
© Springer Fachmedien Wiesbaden 2013

haben, beziehen wir jetzt das Projektteam und das weitere Umfeld in die Kommunikation ein. Wobei da wie dort dasselbe Grundprinzip gilt: Der Projektleiter muss aktiv und klar kommunizieren. Sein Job ist es, das Projekt zu steuern und zu managen – er muss mitspielen und anstoßen, aber auch Gefahren erkennen und abwehren. Wer seinen Projektprozess in der Hand halten möchte, darf nicht warten und nur reagieren.

Auch ein guter Kapitän wartet nicht, bis der Sturm über das Deck peitscht, und überlegt erst dann, was zu tun ist. Vielmehr beobachtet er das Wetter, verfolgt die Wettermeldungen und lässt seinen Navigator Alternativen entwickeln. Wenn der Sturm dann aufzieht, hat er die notwendigen Vorkehrungen getroffen und kann sofort handeln.

Politiker erhalten 100 Tage Schonfrist, wenn sie ein Amt antreten – ein Projektleiter muss sofort volle Leistung bringen. Und das, obwohl die Herausforderungen gewiss nicht weniger groß sind: Projekte zu managen bedeutet, unter Zeitdruck Höchstleistung mit einer Mannschaft zu erzielen, die so noch nie zusammen gespielt hat. Hinzu kommt, dass ein Projekt sein Umfeld häufig irritiert, weil es gewohnte Hierarchien und Organisationsformen außer Kraft setzt (vgl. Kap. 3). Angesichts dieser komplizierten Lage ist es nachvollziehbar, wenn ein Projektleiter sich erst einmal zurückhalten möchte, um das unbekannte Terrain zu sondieren. Doch anders als ein Manager mit 100 Tagen Schonfrist kann er sich das nicht leisten – zu groß sind Zeit- und Erfolgsdruck. Von Beginn an ist der Projekt-Kapitän gefordert, zielgerichtete Aktivitäten, eine spezifische Informationspolitik und ein sehr effizientes Besprechungsmanagement, das die knappe Ressource Zeit schont, an den Tag zu legen.

Für die erfolgreiche Kommunikation in allen Phasen des Projekts gibt es Strategien und Werkzeuge, die Sie in diesem Kapitel kennenlernen. Zunächst geht es darum, eine „Architektur" für die Projektkommunikation zu entwerfen; zentrale Werkzeuge sind hier die Umfeldanalyse und die Einflussmatrix. Im zweiten Teil des Kapitels erhalten Sie Hinweise für die konkrete Umsetzung: Wie kommunizieren Sie als Projektleiter sinnvoll? Worauf ist zu achten? Was ist zu tun, damit die Projektbesprechung nicht zum Kaffeekränzchen wird?

4.1   Die Kommunikationsarchitektur

Um als Projektleiter effektiv mit Teammitgliedern, Auftraggebern und anderen Projektbeteiligten zu kommunizieren, ist eine klare Kommunikationsarchitektur eine wertvolle Hilfe. Sie braucht als Voraussetzung zwei Kernelemente:

- die Definition der Projektbeteiligten und ihrer Interessen mit Hilfe einer Umfeldanalyse,
- die Festlegung der adäquaten Kommunikationswege für die unterschiedlichen, vom Projekt berührten Gruppen mit Hilfe einer Einflussmatrix.

4.1.1 Die Umfeldanalyse

Mit der Umfeldanalyse verschaffen Sie sich einen Überblick über die relevanten Beteiligten am Projekt. So erkennen Sie frühzeitig, welche Möglichkeiten einer Zusammenarbeit bestehen, aber auch mit welchen gegenläufigen Interessen Sie rechnen müssen.

Es hat sich bewährt, die Umfeldanalyse bereits während der Auftragsklärung (vgl. Kap. 3) zu beginnen. Wenn Sie diesbezüglich Gespräche im Unternehmen führen und auswerten, können Sie parallel dazu die für die Umfeldanalyse wichtigen Aspekte festhalten. So kenne ich Projektleiter, die einfach eine Pinnwand nutzen und während der Wochen, in denen sie die Interviews für die Machbarkeitsanalyse führen, jeden Tag eine kurze Zeit an der Umfeldanalyse arbeiten: Sie heften eine Notiz hinzu, nehmen wieder eine ab, heben einen Aspekt hervor oder stufen ihn zurück. In größeren Projekten kommt es auch vor, dass der Projektleiter seine künftigen Teilprojektleiter zusammenruft und in einem Workshop das Projektumfeld analysiert.

Grundsätzlich erfolgt die Umfeldanalyse in zwei Schritten: Zunächst erstellen Sie einen grafischen Überblick über die relevanten Beteiligten und Einflussnehmer auf das Projekt. Im zweiten Schritt überlegen Sie dann anhand der Grafik, wie die einzelnen Protagonisten gegenüber dem Projekt eingestellt sind und welche Einflussnahme von ihnen zu erwarten ist.

Bleiben wir bei dem Beispiel der Pinnwand, auf der Sie Karten verschieben, anheften oder abnehmen können. Schreiben Sie zunächst den Projektnamen auf eine ovale Karte, die Sie in das Zentrum der Pinnwand setzen. Führen Sie dann anhand folgender Leitfragen die Umfeldanalyse aus:

- Wer beeinflusst den Erfolg des Projekts (zum Beispiel das Projektteam, der Markt, der Auftraggeber …)?
- Wie stark ist der Einfluss? Notieren Sie hierzu die Akteure, die sich aus der ersten Leitfrage ergeben haben, auf verschieden große runde Karten. Die Größe der Karte zeigt die Stärke des Einflusses an.
- In welche Richtung wirkt dieser Einfluss? Wählen Sie verschiedene Kartenfarben für die Art der Einflussnahme: Grün, wenn sie eher positiv/fördernd

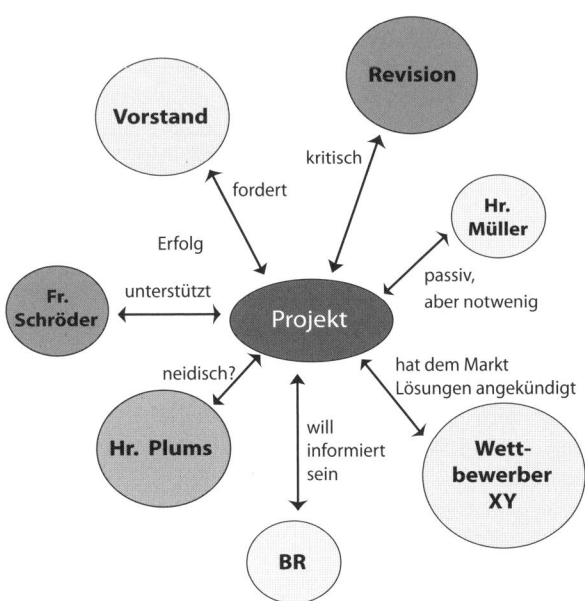

Abb. 4.1 Beispiel einer Projektumfeldanalyse

ist, Rot, wenn sie eher negativ/behindernd, oder Weiß, wenn sie eher indifferent/abwartend ist.

• Wie groß ist die Nähe oder Distanz zum Projekt? Je näher Sie eine Karte zur zentralen ovalen Karte hängen, desto enger ist der Beteiligte mit dem Projekt verbunden.

Nun können Sie anhand der Grafik die spezifischen Einflussnahmen und unterschiedlichen Erwartungen an das Projekt darstellen. Wechseln Sie hierzu die Perspektive und versetzen Sie sich in die Rolle des jeweiligen Akteurs. Fragen Sie, was dieser vom Projektmanager erwarten dürfte. So können Sie das Umfeld Ihres Projekts frühzeitig erhellen und beugen einer kommunikativen „Schmalspurlösung" vor. Sie werden auf diese Weise Widerständen auf die Spur kommen, aber auch bisher unbekannte Verbündete entdecken.

Abbildung 4.1 zeigt das Ergebnis einer solchen Umfeldanalyse. Das Bild hat ein Projektleiter während der Auftragsklärung erstellt, indem er seine Interviews nach den Leitfragen der Umfeldanalyse auswertete und grafisch festhielt.

Bei dem Beispiel handelt es sich um ein Reorganisationsprojekt. Auffallend sind zwei sehr große Kreise: Sie stehen für den Vorstand und den größten Konkurrenten des Unternehmens. Der Vorstand „fordert Erfolg", wie der Projektleiter notiert hat. Zwar war der Vorstand im Falle dieses Projekts nicht der Auftraggeber, aber ein wichtiger Player – denn der Erfolg der Umorganisation lag ihm sehr am Herzen. Ein Misserfolg hätte ihn wohl seine Position gekostet. Damit hängt der ebenso große Kreis für den Wettbewerber XY zusammen, mit dem Vermerk: „Hat dem Markt Lösung angekündigt." Der Wettbewerber hatte nämlich ein Produkt angekündigt, das eine ernsthafte Bedrohung darstellte. Eben aus diesem Grund wurde das Projekt aufgelegt – mit dem Ziel, die Entwicklungsabteilung komplett neu zu organisieren. Die Hoffnung war, dadurch noch schnell genug ein Gegenprodukt entwickeln zu können.

Die „Revision" versah der Projektleiter mit dem Hinweis „kritisch" – einfach deshalb, weil der Revisionsleiter das Projekt prinzipiell ablehnte. Das Konzept für die Reorganisation hatte eine Strategieberatung entwickelt, von dessen Ergebnis der Revisionsleiter wenig hielt. Er sah es als Fehler an, „dass wir uns jetzt so aufstellen wie der Wettbewerb".

Neben drei kleineren Kreisen, darunter dem Betriebsrat (BR), verwies ein größerer Kreis noch auf Herrn Plums,CEnote: Bitte Personennamen prüfen: Hier „Herr Plums", eine Zeile tiefer „Herr Plumps" versehen mit dem Vermerk „neidisch". Dahinter verbarg sich eine besondere Geschichte. Herr Plumps war nämlich der Leiter des Bereichs Forschung und Entwicklung (FuE), der nun reorganisiert werden sollte. Eigentlich hätte es nahe gelegen, ihn mit der Projektleitung zu betrauen. Weil er den Vorsprung der Konkurrenz nicht erkannt hatte, bestimmte der Auftraggeber aber jemand anderen als Projektleiter. Der FuE-Leiter empfand das als Zumutung!

Der Nutzen einer Umfeldanalyse liegt vor allem darin, dass der Projektleiter nun die Zusammenhänge und Interessen der wichtigsten Spieler kennt und seine Kommunikation daran orientieren kann. Mit Blick auf den Vorstand war klar: Wollte man ihn für einen Vorschlag gewinnen, musste man ihm deutlich machen, wie sehr davon der Erfolg des Projekts abhängt – denn nur das interessierte ihn.

Sehr sorgfältig überlegte sich der Projektleiter, wie er mit dem zurückgesetzten FuE-Leiter umgehen würde. Dieser war nach wie vor Abteilungsleiter, aber weder im Projektteam noch im Entscheidergremium des Projekts vertreten. Der Projektleiter entschied sich dafür, einen informellen Kontakt aufzubauen und sich regelmäßig mit ihm zu treffen. Er hielt den FuE-Leiter über den Fortgang des Projekts auf dem Laufenden, während dieser über Interna aus der Abteilung informierte, die für den Projektleiter sehr wichtig waren.

Dass dieses Zusammenspiel zwischen dem FuE-Leiter und dem abteilungsfremden Projektleiter am Ende so gut funktionierte, war sicher auch ein Ergebnis der

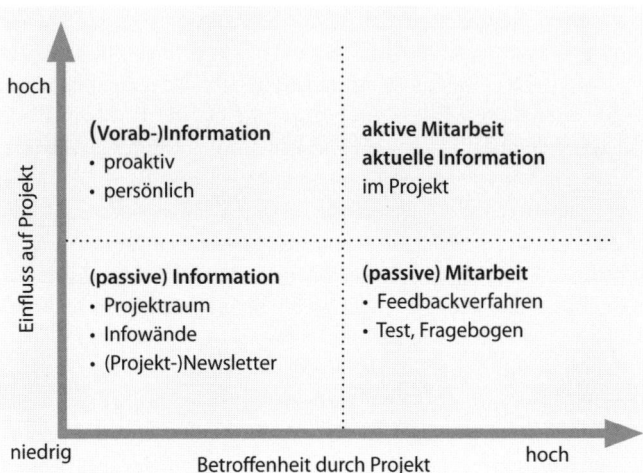

Abb. 4.2 Beispiel einer Einflussmatrix

Umfeldanalyse. Durch sie war der Projektleiter auf die Brisanz des Problems aufmerksam geworden. So konnte er sich eine Kommunikationsstrategie überlegen, um den FuE-Leiter nicht zum Gegner zu haben, sondern als Verbündeten zu gewinnen.

4.1.2 Die Einflussmatrix

Mit Hilfe der Umfeldanalyse haben Sie die relevanten Spieler mit ihren Interessenlagen und ihrem Einfluss auf das Projektgeschehen identifiziert. Die Einflussmatrix in Abb. 4.2 geht nun über diesen Personenkreis hinaus: Sie erfasst alle Personen, die vom Projekt in irgendeiner Weise berührt sind. Ziel ist es, die Kommunikation mit der großen Zahl der Projektbetroffenen zu strukturieren. Hierzu wird das Thema „Wie kommuniziere ich mit dem Projektumfeld?" auf zwei wesentliche Aspekte reduziert – nämlich: Wie hoch ist der Einfluss, den jemand auf das Projekt hat? Und wie stark ist er von dem Projekt betroffen?

Anhand dieser zwei Fragen lässt sich jeder Betroffene einem der vier Felder auf der Einflussmatrix zuordnen. Im nächsten Schritt legt der Projektleiter für jeden Quadranten geeignete Kommunikationswege fest.

Wie lässt sich die Matrix nun interpretieren? Rechts oben sind in erster Linie die Projektmitglieder eingeordnet – denn sie sind vom Projekt stark betroffen und haben einen großen Einfluss auf das Projektgeschehen. Darüber hinaus finden sich in diesem Quadranten weitere Experten, deren Fachwissen erforderlich ist. Es liegt auf der Hand, dass der Projektleiter mit diesen Leuten intensiv kommuniziert und sie stets mit aktuellen Informationen versorgt.

Im Quadranten links oben stehen die einflussreichen Persönlichkeiten und Institutionen, die ihrer Bedeutung entsprechend eine persönliche Behandlung genießen. In unserem Beispiel zählt der Vorstand dazu, aber auch der FuE-Leiter. Erfolgreiche Projekt-Kapitäne werden die Gespräche mit diesen Personen selbst führen – denn sie wissen, welchen Wert diese Gesprächspartner darauf legen, dass „der Kapitän persönlich" sie informiert. Im Gegenzug kann der Projektleiter darauf zählen, dass er bei den Mächtigen im Hause „einen Stein im Brett" hat, was sich im Projektverlauf als sehr nützlich erweisen kann.

Je nach Projekt kann dem Quadranten rechts unten eine durchaus große Zahl an Personen zugeordnet sein – Personen, die das Projekt zwar stark betrifft, die aber selbst praktisch ohne Einfluss auf das Projekt sind. Ein typischer Fall ist die Einführung einer neuen Software, etwa eines SAP-Moduls: Die Masse der Anwender wird das neue Programm so nutzen müssen, wie es installiert wird. In die Kategorie „stark betroffen, aber wenig Einfluss" können auch die Kunden fallen, wenn zum Beispiel das Projektteam ein neues Produkt entwickelt. Auch für diesen Quadranten muss der Projektleiter geeignete Kommunikationswege festlegen. Denn es wäre sicherlich falsch, die Anwender einer neuen Software oder eines neuen Produkts erst mit dem fertigen Ergebnis zu konfrontieren. Hier hat es sich bewährt, diese Gruppen über Tests, Befragungen oder Feedbackprozesse (im erwähnten SAP-Projekt geschieht dies durch ausgewählte Key-User) zeitweise in das Projekt einzubinden.

Bleibt noch die große Zahl der Personen im Quadranten links unten, die wenig Einfluss auf das Projektgeschehen haben und nur in geringem Maße vom Projekt betroffen sind. Meist zählt hierzu die Mehrzahl der Mitarbeiter, die mit dem Projekt nicht viel zu tun haben, über wichtige Vorgänge im Unternehmen aber dennoch informiert werden sollten. Ansonsten droht das Projektschiff als unbekanntes U-Boot zu kreuzen, dessen Existenz nur einer kleinen Clique bekannt ist. Geeignete Informationswege sind hier Info-Wände, Projekt-Räume im Intranet, Veröffentlichungen in der Mitarbeiterzeitschrift oder vielleicht auch ein Projekt-Newsletter, der in größeren Abständen einen Überblick über den Stand der Dinge gibt. Mancher Projektmanager war schon überrascht, welche nützlichen Hinweise er aus dem Kreise der eigentlich als unbeteiligt identifizierten Mitarbeiter erhalten hat.

Die Tabelle fasst mögliche Kommunikationsstrategien für die Vertreter in den vier Quadranten zusammen:

Quadrant	Typische Vertreter	Kommunikation
Links unten: „DIE MASSE" geringe Betroffenheit, geringer Einfluss	Die Mitarbeiter der Organisation, potenzielle Kunden	Passive Informationspolitik durch Info-Wände, Projekt-Newsletter oder Artikel in Mitarbeitermagazinen bzw. Fachzeitschriften
Rechts unten: „DIE ANWENDER" große Betroffenheit, geringer Einfluss	Spätere Anwender des Projektergebnisses, Zielgruppe des Projektauftrags	Partielle Mitarbeit durch Befragungen, Tests, User oder Feedbackschleifen (Kundenparlamente, Nutzerboards etc.) auf (Zwischen-)Lösungen
Rechts oben: „DAS PROJEKT" große Betroffenheit, großer Einfluss	Mitglieder des Projektteams bzw. deren Führungskräfte	Aktive Mitarbeit im Projektteam und evtl. im Auftraggebergremium
Links oben: „DIE EINFLUSSREICHEN" geringe Betroffenheit, großer Einfluss	(Obere) Führungskräfte, Schlüsselkunden bzw. -lieferanten, zentrale Multiplikatoren	Persönliche, proaktive Vorab-Informationen durch den Projektleiter

Noch ein Tipp aus der Praxis: Manche Projektleiter neigen dazu, dem Quadranten rechts oben zu viele Personen zuzuordnen. Diese Tendenz wird von dem Wunsch getragen, möglichst viele Interessengruppen direkt ins Projekt einzubinden. Die Folge ist, dass das Projektteam aufgebläht wird – und dem Projektleiter am Ende erst recht der kommunikative Überblick entgleitet.

So erlebte ich einen Projektleiter, der sich die vielen Einzelgespräche mit den einflussreichen Größen des Hauses (Quadrant oben links) „ersparen" wollte und diese kurzerhand zu den Projektsitzungen einlud. „Wenn sie dabei sind, dann erfahren sie ja alles" – so seine Überlegung. Tatsächlich kamen die geladenen Abteilungsleiter zunächst, empfanden sich im Kreise des Projektteams aber bald als Außenseiter. Sie fühlten sich zurückgesetzt, kaum beachtet, nicht genug wertgeschätzt. Die Folge war, dass die Herren sich nicht nur sehr rasch aus den Projektsitzungen verabschiedeten, sondern dem Projekt insgesamt die Unterstützung entzogen. Dem Auftraggeber – zugleich der Vorgesetzte der verärgerten Abteilungsleiter – signalisierten sie, das Projekt laufe in eine falsche Richtung, da müsse man eingreifen. So machte der Projektleiter die bittere Erfahrung, dass man die Mächtigen im Hause nicht ungestraft kränken darf.

Das Beispiel zeigt aber auch, wie nützlich die Einflussmatrix ist. Mit ihrer Hilfe kann der Projektleiter klar festlegen, wie er mit wem kommuniziert. Dann ist auch klar, dass die Einflussreichen im Quadranten oben links eine besondere Behandlung verdienen – und man sie eben nicht mit den Vertretern aus dem Quadranten oben rechts in einen Topf werfen darf.

4.2 Erfolgreiche Projektkommunikation

Die Taktikmatrix (vgl. Kap. 3) ist entworfen, die Umfeldanalyse durchgeführt, die Einflussmatrix ausgefüllt. Schön und gut. Doch erst jetzt geht es zur Sache, muss der Projektleiter die PS auf die Straße bringen. Denn dass die Projektkommunikation nun auch wirklich funktioniert, ist keineswegs ausgemacht. Nicht ohne Grund ist das Thema Kommunikation seit jeher ein Dauerbrenner in der Entwicklung von Führungskräften. Der folgende zweite Teil des Kapitels hilft Ihnen, die vorbereitete Kommunikationsarchitektur stimmig anzuwenden und die Probleme in der Projektkommunikation zu minimieren.

4.2.1 Grundregeln für die Projektkommunikation

Wenn Sie als Projektleiter unterwegs sind, wird Sie ein Thema mit Sicherheit ständig begleiten: Kommunikation kann nie perfekt sein. Aber immer besteht die Möglichkeit, sie zu verbessern. Hierzu gibt es einige bewährte Regeln, deren Kenntnis für eine gute Projektkommunikation sehr nützlich ist. Die folgenden neun Punkte lehnen sich an die „Gesetzmäßigkeiten der Kommunikation" an (Doppler und Lauterburg 2002).

1. Kommunikation als Zwilling des Projekts. Es gibt kein erfolgreiches Projekt ohne eine aktive, lebendige und geplante Kommunikationspolitik.
2. Effiziente Kommunikation lebt vom lebendigen Dialog. Je motivierender eine Botschaft sein soll, je mehr sie die wirklichen Interessen der Empfänger berühren soll, desto notwendiger ist ein echter Dialog. Gemeint ist damit ein Dialog, der sich durch aktives Zuhören und wahrhaftiges Aussprechen auszeichnet. Nur so werden sich Interessen, Ziele, Hoffnungen und Befürchtungen klären. Dabei zeigt die Erfahrung: Je mehr wir uns in der Praxis vor einer direkten Begegnung und Auseinandersetzung fürchten, desto eher ist sie angezeigt.
3. Man kann nicht nicht kommunizieren (Paul Watzlawick). Lücken in der Kommunikation, die zum Beispiel durch einseitige Stellungnahmen, Schweigen oder fehlende Diskussion entstehen, werden die Betroffenen mit eigenen Phantasien, Interpretationen, Urteilen und Vorurteilen ausfüllen. Legen Sie deshalb alle

wesentlichen Informationen auf den Tisch. Nur wer selbst aktiv kommuniziert, kann dafür sorgen, dass er seine Botschaft anbringt. Führen heißt, sagen, was ist!

4. Es ist fast immer zu spät. Wer im üblichen Projektchaos stets vollständig und schön der Reihe nach kommunizieren will, kommt im Strudel der Ereignisse fast immer zu spät. Meist ist es deshalb besser, zwar unvollständig, dafür aber zügig zu kommunizieren – selbst wenn Ihnen dabei nicht ganz wohl ist. Stellen Sie sich auf jeden Fall die Frage, wie Sie in einer bestimmten Situation informieren: früh, aber unvollständig, oder doch besser später, aber dafür vollständig.

5. Jeder hört, was er hören will. Je emotionaler die Situation, desto größer ist die Gefahr der selektiven Wahrnehmung. Dies geschieht meist unter dem Einfluss von zwei Faktoren: Glaubwürdigkeit des Senders und frühere Erfahrungen des Empfängers. Zumindest den ersten Faktor können Sie direkt beeinflussen: Als Sender von Informationen haben Sie es in der Hand, für wie glaubwürdig der Empfänger Sie hält.

6. Erfolgreiche Kommunikatoren erkunden vorher. Gut kommunizieren können Sie nur, wenn Sie die Adressaten und ihre Interessen kennen. Erkunden Sie deshalb vorher deren Einstellungen (und nutzen Sie hierfür die vorgestellten Instrumente Taktikmatrix, Umfeldanalyse und Einflussmatrix). Nur dann können Sie Ihre Kommunikation so ausrichten und verpacken, dass die Botschaft ankommt. Denn wie schon gesagt: Der Wurm muss dem Fisch schmecken, nicht dem Angler!

7. Es gibt keine neutrale Kommunikation. Jede Kommunikation will etwas erreichen – als Projektleiter ist Ihnen das im Grunde klar, schließlich dient Ihre Kommunikation den Projektzielen. Denken Sie aber auch daran, wenn sich jemand an Sie wendet: Auch dann steht hinter der Kommunikation eine Absicht. Seien Sie auf der Hut, wenn jemand den Versuch der Beeinflussung in Abrede stellt oder verschleiert.

8. Es gibt auch des Guten zu viel. Keine Frage: Eine besonders wichtige Botschaft müssen Sie manchmal mehrmals und auf -unterschiedlichenBitte den Sinn des Bindestriches überprüfen. Wegen auf die Reise schicken, damit sie ankommt. Vorsicht vor Stereotypen: Viele Menschen reagieren gereizt auf Wiederholungen und sind danach nur mehr schwer zugänglich.

9. Der Appetit kommt beim Essen. Nur informierte Mitarbeiter sind engagierte Mitarbeiter. Mit zunehmender Intensität der Kommunikation steigt aber das Anforderungsniveau an den Sender, noch etwas „Neues" zu bieten. Wenn Sie Ihre Projektmitarbeiter gut informieren, werden sie eher unruhig sein, kritische Fragen stellen und von Ihnen Entscheidungen erwarten. Informierte Mitarbeiter sind engagiert, aber voller Erwartungen.

4.3 Kommunikation „hart am Wind"

Gute Lösungen sind möglich, wenn die Projektbeteiligten in konstruktiven und fairen Gesprächen und Verhandlungen eindeutige und abgesicherte Vereinbarungen erzielen. Effektive Kommunikation, die „hart am Wind" segelt, beschleunigt die Koordinations- und Durchsetzungsprozesse und wird so ein wesentlicher strategischer Erfolgsfaktor für Projektlenker (Abb. 4.3).

Der Schmusekurs ist gekennzeichnet durch allgemein gehaltene Statements, Unverbindlichkeit und eine überfürsorgliche Toleranz. Durch vage Formulierungen und häufigen Gebrauch des Konjunktivs wird aktive Konfliktvermeidung betrieben. Geringes Vertrauen in die Kraft des eigenen Argumentes und in die Wertigkeit der eigenen Person ist beim Projektleiter ständig spürbar. Dies führt zu nachvollziehbar zurückhaltenden Reaktionen seiner Gesprächspartner: „Wenn der schon nicht hinter seinem Projekt steht, warum soll ich mich dann engagieren?"

Übersteigerte Kommunikation zeigt sich durch hohen emotionalen Druck im Gespräch: autoritäres Verhalten, Drohungen, Abwertungen, Zieldiktate und manipulative Rhetorik bestimmen den „Dialog". Die latente negative Unterstellung „Der kann es sowieso nicht …" prägt das Verhalten eines solchen Projektleiters, der in der Folge wohl einen Aderlass im Projektteam verkraften muss.

Die effektive Kommunikation „hart am Wind" setzt auf persönliche Statements (Ich-Botschaften), echte, angemessene Emotionen und klare Vorstellungen. Interessengegensätze werden aktiv angesprochen und in einer Streitkultur ausgetragen.

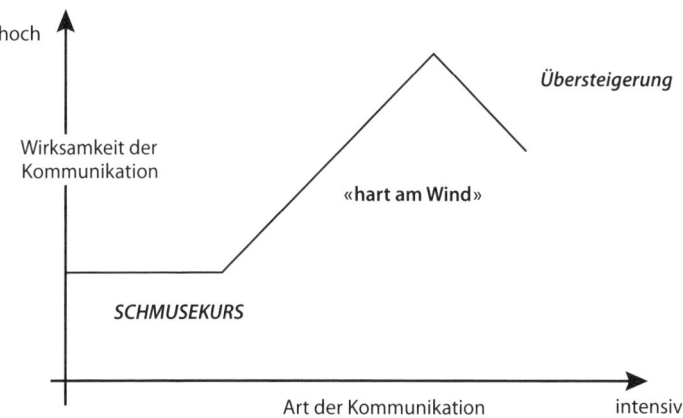

Abb. 4.3 Kommunikation „hart am Wind"

Ein Projekt-Kapitän, der in seiner Gesprächsführung „hart am Wind" segelt, führt mit gesundem Selbstvertrauen und einer positiven Grundhaltung gegenüber dem Gesprächspartner einen echten Dialog. Die Energie richtet sich „wie von selbst" auf wirksame und stabile Lösungen statt auf Selbstbefassung, Nörgelei und Intrige.

4.3.1 Wider die Kaffeekränzchen: Effektive Besprechungen

„Machen wir mal eine Runde. Jeder erzählt, was gerade bei ihm läuft." Immer wieder erlebe ich Projektleiter, die mit diesen Worten eine Teambesprechung eröffnen. Entweder geht es dann entlang der Sitzordnung, oder es berichten zunächst einige Mitarbeiter, die wirklich etwas zu sagen haben. In jedem Fall geraten Teammitglieder, die eigentlich nichts zu erzählen haben, unter Druck, etwas beizutragen. Die Folge ist ein Überfluss an Informationen, bei denen keiner mehr nach wichtig und unwichtig unterscheiden kann. Die Sitzung zieht sich hin, verliert sich in Details, während die Vorbereitung wichtiger Entscheidungen auf der Strecke bleibt.

Die Folgen für den weiteren Projektverlauf sind fatal. Spätestens beim zweiten oder dritten Mal fangen die Teilnehmer an, am Sinn der Veranstaltung zu zweifeln. Die Runde dünnt zunehmend aus, was die Vorbereitung wichtiger Entscheidungen nun erst recht unmöglich macht. Weil die relevanten Spieler nicht mit am Tisch sitzen, wird das Team zunehmend handlungsunfähig. Was übrig bleibt, ist ein unverbindliches Kaffeekränzchen.

Leider sind unproduktive Teambesprechungen eher Alltag denn Ausnahme. Vermutlich kennen Sie auch diese Variante: eine Projektbesprechung, bei der sich die verschiedenen Teilprojektleiter in der Dichte ihrer Folien und in der Kleinteiligkeit ihrer Schilderung überbieten. Wenn dann der Kaffee getrunken und die Kekse gegessen sind, fangen die Teilnehmer an, Ihre E-Mails zu bearbeiten oder mit dem Mobiltelefon zu spielen. Oder vielleicht ist ja auch ein Kollege anwesend, mit dem etwas Wichtiges zu besprechen ist. Unterdessen steht vorne ein Projekt-Kapitän, der sich abmüht, die versammelten Projektmitglieder durch umfassende Information „auf den Stand" zu bringen. Eigentlich hatte er gedacht, auf diese Weise die Motivation im Projekt zu erhöhen.

Auch hier ist das Schicksal der Projektbesprechungen vorgezeichnet: Nach der zweiten oder dritten Sitzung nehmen die kurzfristigen Absagen zu, die tagende Gruppe wird immer kleiner – bis am Ende die Besprechungen mangels Masse ausfallen. Parallel dazu schwillt die Flut der E-Mails an, die sich die Projektmitglieder untereinander versenden. Eine zehnmal weitergeleitete E-Mail wird zur Regel.

4.3.2 Vier Irrtümer

Wie kommt es zu diesen verhängnisvollen Besprechungen? Die Ursache liegt in einigen zentralen Fehleinschätzungen. Vier Irrtümer führen in der Praxis häufig dazu, dass Besprechungen ineffektiv verlaufen.

4.3.2.1 Irrtum 1: Dabei sein ist alles!

Viele Projektleiter denken: Wer bei einer Sitzung anwesend ist, erhält und versteht damit alle erforderlichen Informationen. Dahinter steht die irrige Annahme, dass der notwendige Informationsfluss allein durch die Anwesenheit der Teammitglieder zustande kommt. Auch für Besprechungen gilt das Gesetz vom abnehmenden Grenznutzen, das heißt, je mehr Informationen angeboten werden, desto weniger kann ein Teilnehmer eine weitere Information als nützlich aufnehmen und verarbeiten. Hinzu kommt: Je mehr Personen an der Sitzung teilnehmen, umso höher sind die Streuverluste. Das Motto „Dabei sein ist alles" bringt daher nichts, wenn es um die Effektivität einer Projektsitzung geht.

4.3.2.2 Irrtum 2: Wer schweigt, stimmt zu

Weit verbreitet, aber ebenso irrig ist die Überzeugung des Sitzungsleiters, dass eine Entscheidung umso besser verankert sei, je mehr Teilnehmer bei dieser Entscheidung anwesend waren. Dies folgt der Philosophie, dass jeder Anwesende ja einem Beschlussvorschlag widersprechen oder auch neue Vorschläge einbringen kann. Wie auf einem mittelalterlichen Markt- und Richtplatz, auf dem gehandelt, getauscht und auch gerichtet (= entschieden) wird, ergeht quasi der Aufruf an das Projektvolk: „Kommt zur Projektsitzung und bringt euch ein, denn ansonsten wird ohne euch entschieden!" Tatsächlich führt die Haltung „Wer schweigt, stimmt zu" vielleicht zu einer beschleunigten Beschlussdynamik, ganz sicher aber nicht zu einer klaren Verantwortungsübernahme. Das zeigen die Reaktionen der Teilnehmer, wenn sie nach einer solchen Besprechung den Raum verlassen: „Mal sehen, ob das was wird", heißt es dann. Oder: „Das kann so gar nicht gehen – da müssen wir jetzt im kleinen Kreis noch mal überlegen, wie wir damit umgehen …"

4.3.2.3 Irrtum 3: Langes Sitzen zahlt sich aus

Es ist eine besonders in Tarifverhandlungen erprobte Methode, erst am Ende einer Sitzung die wirklich wichtigen Dinge zu entscheiden. Dann, wenn die Ermüdung oder der Druck der nächsten Verabredung groß ist, werden unter dem beliebten Tagesordnungspunkt „Sonstiges" noch schnell Themen angemeldet und „kurz eben" behandelt. Dies geschehe nicht aus bösem Willen, heißt es dann, sondern „weil wir alle hier sowieso zusammen sind" und „weil das nicht bis zum nächsten Mal warten kann". Dass diese Vorgehensweise höchst problematisch ist, liegt auf der Hand: Wenn eine müde Mannschaft in den letzten Minuten einer Sitzung noch schnell über Ressourcen, Prioritäten oder eine Änderungsanforderung entscheidet, ist sie nicht in der Lage, Folgen und Auswirkungen auf das Projekt ausreichend zu bedenken.

4.3.2.4 Irrtum 4: Gesagt ist gesagt

Selbstverständlich gibt es von jeder Projektbesprechung ein Protokoll, das den Sitzungsverlauf dokumentiert. Vor allem bei politisch heiklen Projekten begegnet man aber häufig einer Protokollierung, die weniger dem Projekt als der Rechtfertigung und späteren Beweisführung dient – nämlich dem Wortprotokoll. Wenn die Beteiligten wissen, dass ihre Statements wörtlich mitgeschrieben werden, fühlen sie sich gezwungen, Standpunkte einzunehmen anstatt nach Lösungen zu suchen. Völlig aus dem Ruder gerät die Sitzung dann, wenn verschiedene Teilnehmer auch noch von ihren disziplinarischen Vorgesetzten „Aufträge" mitbringen, die es zu vertreten gilt. Die Folge sind Fensterreden für jene Führungskräfte, die zwar nicht anwesend sind, aber später im Protokoll lesen wollen, dass ihr Mitarbeiter sie gut vertreten hat. Weitere Folge sind quälende Feinabstimmungen des Protokolls, bei denen um einzelne Formulierungen gerungen und gestritten wird.

4.3.3 Sechs Regeln für effektive Teambesprechungen

Einem Projektleiter, der diese Irrtümer vermeiden möchte und Wert auf effektive Teambesprechungen legt, empfehle ich die folgenden sechs Regeln:

• Jede Projektsitzung gehört vorbereitet.
• Der Besprechungsverlauf wird im Vorfeld festgelegt und bekannt gemacht.
• Es wird nur eingeladen, wer beteiligt werden muss.
• Es wird nichts ohne die Betroffenen entschieden.
• Den Tagesordnungspunkt „Sonstiges" gibt es nicht.
• Es gibt nur Ergebnisprotokolle.

4.3.3.1 Regel 1: Jede Projektsitzung gehört vorbereitet

Gehen Sie nicht unvorbereitet in eine Projektbesprechung. Als Faustregel gilt, dass ein erfahrener Projektleiter mindestens 50 % der angesetzten Besprechungszeit für die Vorbereitung aufwendet. Gerade weil es sich um einen Regeltermin handelt, muss der Projektleiter darauf achten, die Aufmerksamkeit der Anwesenden wach zu halten.

Gehen Sie zur Vorbereitung die einzelnen Themen einer bevorstehenden Projektsitzung durch. Folgende Leitfragen helfen Ihnen dabei:

- Welche Fragen stelle ich zu dem Thema? Welche Fragen könnte welches Teammitglied dazu stellen?
- Welche Argumente bringe ich/bringen die anderen?
- Brauchen wir Unterlagen? Was soll damit gezeigt werden?
- Welche Einwände könnte ich/könnten die anderen haben?
- Wie entkräfte ich die Einwände der anderen? Welche Kompromisse sind möglich?

4.3.3.2 Regel 2: Der Besprechungsverlauf wird im Vorfeld festgelegt und bekanntgemacht

Damit Projektbesprechungen nicht wie schwarze Löcher die kostbare Zeit der Projektmitarbeiter schlucken, sollten Sie den Ablauf der Sitzung vorab festlegen und bekanntmachen. So schaffen Sie Zeit- und Prozesssicherheit: Erstens wissen Teilnehmer dann, welche Themen behandelt werden, und können sich selbst darauf vorbereiten. Zweitens können die Teilnehmer ihre Zeit planen – niemand muss befürchten, unvorbereitet unter Zeitdruck zu geraten. Und drittens ist es schlicht ein Gebot der Höflichkeit und des Anstands – und somit ein Element guter Projektsteuerung –, wenn Sie Ihren Teammitarbeitern keine Wundertüte präsentieren, sondern sie vorab orientieren, was bei der Sitzung passieren wird.

In der Praxis hat es sich bewährt, eine Vorbereitungsschleife einzulegen. Geben Sie zum Beispiel zehn Tage vor der Projektsitzung die Themen bekannt, die Sie als Projektleiter behandeln möchten. Gleichzeitig fordern Sie die potenziellen Sitzungsteilnehmer auf, zusätzliche Tagesordnungspunkte zu benennen. Die endgültige Tagesordnung verschicken Sie dann mindestens fünf Tage vor der Besprechung.

4.3.3.3 Regel 3: Es wird nur eingeladen, wer beteiligt werden muss

Liegt eine verbindliche Tagesordnung vor, sollten Sie den Teilnehmerkreis festlegen – und gezielt zu den einzelnen Tagesordnungspunkten einladen. Auf diese Weise entziehen Sie einem der größten Zeitdiebe in Besprechungen von Anfang an den Boden: der Diskussion unter den Nicht-Beteiligten. Wenn nur am Tisch sitzt, wer am Thema beteiligt oder davon betroffen ist, erhöhen sich Diskussionsqualität und Zeiteffektivität ganz erheblich.

Idealerweise organisieren Sie die Besprechung so, dass die einzelnen Teammitglieder zu den Tagesordnungspunkten, die sie betreffen, kommen und anschließend gleich wieder gehen können. Natürlich gibt es auch Punkte, die das gesamte Team angehen. Wenn etwa allgemeine strategische Fragen des Projekts besprochen werden, sollte jeder eingebunden sein – ebenso bei Meilensteinen, an denen fast immer Entscheidungen getroffen werden, die sich auf alle Beteiligten auswirken.

Sie können auch die Teammitglieder selbst entscheiden lassen, an welchen Tagesordnungspunkten sie teilnehmen wollen. Fragen Sie einfach, wenn Sie die Tagesordnung versenden, wer bei welchem Thema dabei sein möchte. Die Regel „Es wird nur eingeladen, wer beteiligt werden muss" hat nicht das Ziel, Teammitglieder auszuschließen oder „geheime Zirkel" zu schaffen – es geht allein um den effizienten Umgang mit der knappen Ressource Zeit. Wenn Sie Ihren Teammitgliedern diesen Zusammenhang klar vermitteln, findet die Regel schnell Akzeptanz, und Sie werden als effizienter Projektmanager wahrgenommen.

4.3.3.4   Regel 4: Es wird nichts ohne die Betroffenen entschieden

Diese Regel hängt eng mit Regel 3 zusammen. Indem Sie das Projekt gut vorbereiten und mehrere Informationsschleifen einbauen, stellen Sie sicher, dass zu jedem Thema die Betroffenen am Tisch sitzen. Damit gewährleisten Sie, dass keine Entscheidungen über die Köpfe anderer hinweg gefällt werden. Denn Verträge zu Lasten Dritter sind nicht nur sittenwidrig: Sie gefährden auch den Erfolg des Projekts, weil sich die Ausgeschlossenen nicht an die Entscheidung gebunden fühlen.

Regel 4 schließt ferner eine Bringschuld der Teammitglieder mit ein: Loyal unterstützen sie den Projektleiter, indem sie sich selbst melden, wenn ein Tagesordnungspunkt sie tangiert. Ebenso weisen die Teammitglieder einen Kollegen darauf hin, wenn sie denken, dass dieser zu einem Besprechungspunkt etwas beizutragen hat. In diesem Zusammenspiel zwischen klarer Prozessführung durch den Projekt-Kapitän einerseits und kollegialer Gruppendynamik im Projektteam andererseits liegt das Geheimnis wirklich effektiver Teambesprechungen.

4.3.3.5   Regel 5: Den Tagesordnungspunkt „Sonstiges"
gibt es nicht

Wird eine Besprechung – wie in Regel 1 beschrieben – unter Einbeziehung der Teammitglieder vorbereitet, ist ein Tagesordnungspunkt „Sonstiges" unnötig. Legen Sie deshalb fest, dass dieser Punkt nicht mehr existiert! Das wirkt zum einen disziplinierend: Die Teammitglieder nutzen die Vorbereitungsschleife, weil sie wissen, dass sie später keine Themen mehr unter „Sonstiges" nachschieben können. Zum anderen schafft diese Regel bei den Teammitgliedern Vertrauen in den Prozess insgesamt. Da es den Punkt „Sonstiges" auf der Tagesordnung nicht mehr gibt, können sie sich darauf verlassen, dass in der Besprechung nur die Punkte behandelt werden, die angekündigt sind. Jeder Mitarbeiter kann deshalb mit gutem Gewissen den Sitzungsphasen fernbleiben, die ihn nicht betreffen – und kann sich sicher sein, dass nicht ad hoc noch Themen aufgerufen werden, die seine Aufgabe im Projekt betreffen. Effektive Projektlenker stopfen das Schlupfloch „Sonstiges".

4.3.3.6   Regel 6: Es gibt nur Ergebnisprotokolle

Natürlich haben Projektbesprechungen ein Protokoll. Doch genügt es in 85 % aller Fälle, allein die Ergebnisse und Beschlüsse zu jedem Thema festzuhalten. Es ist nicht notwendig, den Diskussionsweg nachzuzeichnen. Sollte jemand im Nachhinein wissen wollen, warum und wie ein Beschluss zustande kam, kann er sich bei den Beteiligten erkundigen.

Eine Ausnahme sind Themen, bei denen eine Diskussion oder Erkundungsphase noch nicht abgeschlossen ist – vor allem bei technischen Entwicklungsprojekten. Dann kann es sinnvoll sein, den aktuellen „Release-Stand" zu dokumentieren, damit die Fortschritte des Projekts später nachvollziehbar sind.

So gut sich diese sechs Regeln in der Praxis bewährt haben, stoßen Sie doch immer wieder auch auf Kritik. Vor allem zwei Einwände werden vorgebracht:

Wenn die Teammitglieder nur an einzelnen Tagesordnungspunkten teilnehmen, dann lasse sich das zeitlich nur schwer und nicht lange genug im Voraus planen.

Eine Tagesordnung ohne den Punkt „Sonstiges" sei zu starr, gerade auch angesichts des hektischen Projektgeschäftes.

Es stimmt: Der Vorschlag in Regel 3 führt dazu, dass die Teilnahme an einer Projektsitzung relativ kurzfristig erfolgen sollte und nicht immer notwendig ist. Die mittelfristige Berechenbarkeit des Terminkalenders wird unsicherer, dafür steigt aber (wie in Regel 3 ausgeführt) die Effektivität der Projektbesprechung – ein Vorteil, der klar überwiegt. Im Übrigen hat sich in der Praxis ein einfaches Verfahren bewährt, um die Terminplanung in den Griff zu bekommen: Die Teammitglieder blockieren die Termine für die regelmäßigen Projektsitzungen, um sie dann gegebenenfalls fünf bis zehn Tage vorher ganz oder teilweise wieder freizugeben – nämlich dann, wenn die Tagesordnung verteilt wurde.

Hinter dem zweiten Gegenargument, der Inflexibilität, verbirgt sich eher eine Stilfrage. Ich behaupte, dass es kaum so dringende und akute Themen gibt, dass sie einen Tagesordnungspunkt „Sonstiges" notwendig machen. Oder anders ausgedrückt: Welcher wirklich wichtige Punkt (und nur diese gehören in eine Projektsitzung!) ist nicht bereits fünf Tage vor der Sitzung bekannt und kann als Tagesordnungspunkt angemeldet werden?

Selbst wenn in einem Projekt tatsächlich sehr kurzfristig Themen für die Projektsitzungen auftauchen, sollten die Regeln 1 bis 6 nicht außer Kraft gesetzt werden. Dann liegt es am Organisationstalent des Projektleiters, die Meldefristen für Themen näher an den Sitzungstermin zu legen oder den Rhythmus der Projektsitzungen zu verkürzen.

4.4   Fazit: Worauf es ankommt

Ein guter Projekt-Kapitän handelt vorausschauend. Um das Projektschiff erfolgreich zum Ziel zu steuern, muss er vom ersten Augenblick an agieren, eine klare Informationspolitik betreiben – und vor allem für Effektivität sorgen. Besonders wichtig sind hierfür eine wirkungsvolle Kommunikation und ein effizientes Besprechungsmanagement, das die knappe Ressource Zeit schont.

Was so einfach klingt, bereitet in der Praxis oft erhebliche Probleme. Das zeigt sich etwa daran, dass einige Projektleiter ausschweifend berichten, während andere schweigen. Beide Phänomene sind weit verbreitet: Der eine erzählt jedem, den er gerade trifft, alles. Der andere zieht es vor, im Projektbüro zu sitzen und knappe E-Mails zu versenden.

Ebenfalls häufig begegnet man dem völlig gestressten Projektleiter, der nicht kommuniziert, weil er dafür angeblich keine Zeit hat. Gelegentlich scheitert effektive Kommunikation aber auch daran, dass ein Projektleiter mit seiner Informationsmacht nicht umzugehen versteht oder diese missbraucht. Er erliegt der Versuchung, Informationen für sich zu behalten, die er besser kommunizieren sollte. Gerade die in diesem Kapitel vorgestellten Regeln, bei denen die Teammitarbeiter selektiv in Besprechungen einbezogen werden, setzen eine offene Kommunikation voraus. Diese Regeln funktionieren nur so lange, wie die Betroffenen darauf vertrauen, dass der Projektleiter sie einbindet, wenn ein Thema ihre Interessen berührt.

Worauf es bei einer guten Projektkommunikation ankommt, lässt sich in drei Sätzen zusammenfassen:

- eine Haltung, die davon geprägt ist, dass meine Botschaft verstanden werden soll, und auf Dialog, aktivem Zuhören und Feedback beruht,
- eine Kommunikationsstrategie, die geplant ist und absichtsvoll vorgeht,
- eine Kommunikationsarchitektur, die das Umfeld klärt, je nach Einfluss und Betroffenheit unterschiedlich handelt und effektive Besprechungen ermöglicht.

Auf der Brücke redet der Kapitän eben Klartext!

Alle Mann an Bord – Motivation und Teamarbeit dank Sinn und Zusammenhang

5

▶ Alle Mann sind an Bord – das Projektschiff legt ab. Als Projektleiter haben
 Sie nun die Aufgabe, das Schiff auf Kurs und die Mannschaft an Bord zu
 halten, auch wenn unvorhergesehene Schwierigkeiten auftauchen. Wie
 Ihnen das gelingt und worauf es dabei ankommt, ist Gegenstand dieses
 Kapitels. Dabei geht es um drei große Themen: Ziele, Motivation und
 Teamdynamik.

Ein Schiff ist ein komplexes Gebilde, das ein Einzelner nicht mehr steuern kann.
Notwendig ist das Zusammenspiel verschiedener Spezialisten – fällt einer von ihnen aus, entsteht ein ernsthaftes Problem. Der Schiffsingenieur zum Beispiel muss,
angefangen beim Herd in der Küche bis hin zum Navigationssystem, dafür sorgen,
dass die Technik an Bord funktioniert. Spielt er nicht mehr mit, ist der Erfolg der
gesamten Mission gefährdet. Mit anderen Worten: Der Kapitän braucht eine motivierte Mannschaft, die im Team zusammenarbeitet. Er benötigt alle Mann an Bord –
und muss vermeiden, dass ihm Leute „von Bord gehen".

Nicht anders verhält es sich im Projekt. Wenn der Projektleiter nach der Auftragsklärung sowie der Aufgaben- und Terminplanung die Teammitglieder zur
Kick-off-Veranstaltung einlädt und das Team erstmals zusammenkommt, sind
auch hier „alle Mann an Bord". Der Projektleiter hat nun dafür Sorge zu tragen,
dass ihm keiner seiner Leute von Bord oder gar über Bord geht. Das wird ihm nur
gelingen, so die Kernthese dieses Kapitels, wenn die Projektmitglieder ihre Tätigkeit
als sinnvoll ansehen.

Wird etwa ein Experte für Flugzeugturbinen in einem Projekt zum Thema Navi-
gation engagiert, dürfte er wohl am Sinn seines Einsatzes zweifeln und sich fragen,
ob er das richtige Rädchen im Getriebe ist. Das wäre so, als schickte ein Kapitän seinen Steuermann zum Kochen in die Küche. Auch der würde sich auf dem
falschen Dampfer wähnen. Es kommt deshalb zum einen darauf an, dass der Pro-

O. Hinz, *Der Projekt-Kapitän*, DOI 10.1007/978-3-658-01451-3_5,
© Springer Fachmedien Wiesbaden 2013

jektleiter Fachlichkeit und Persönlichkeit eines Mitarbeiters richtig einschätzt und ihn dementsprechend einsetzt. Zum anderen muss auch der Mitarbeiter das Gefühl haben, dass er am zugedachten Platz gut aufgehoben ist.

Genau darin liegt also die Kunst, um die es in diesem Kapitel geht: alle Mann an Bord zu halten. Damit das gelingt, ist es entscheidend, dass der Projektleiter

- die Ziele richtig formuliert,
- seine Teammitglieder motiviert, indem er ihnen Sinn und Zusammenhang ihrer Tätigkeit aufzeigt,
- es versteht, die stets vorhandene Gruppendynamik für eine effektive Teamarbeit zu nutzen.

5.1   Am Anfang steht das Ziel

Unter einem Ziel wird ein angestrebter Zustand, eine erwünschte Wirkung verstanden. Im Falle eines Projekts liegt eine Besonderheit darin, dass ein bestimmtes Ziel häufig „quer" zur bestehenden Aufbauorganisation verfolgt wird. Das Ziel muss deshalb innerhalb der Organisation abgestimmt und für die Projektmitglieder klar und transparent sein.

In der hierarchischen Organisation sind es Mitarbeiter gewohnt, von ihrer Führungskraft einen Auftrag zu erhalten und diesen mit ihrem Wissen abzuarbeiten. Anders im Projekt: Nun werden Mitarbeiter unterschiedlicher Abteilungen parallel zu ihren vertrauten hierarchischen Zusammenhängen eingesetzt, und es wird von ihnen erwartet, dass sie ihr Wissen für bestimmte Teilaufgaben einsetzen, deren Ziel und Sinn sie zunächst nicht immer verstehen können. Das Thema „Ziele" ist für den Projektleiter daher eine besondere Herausforderung. Denn nur wenn jedes Projektmitglied die Projektziele versteht und akzeptiert, werden alle an einem Strang ziehen – und nicht zuletzt davon hängt der Erfolg des Projekts ab.

Deshalb ist es für einen Projektleiter wichtig, das Projektziel mit dem Auftraggeber (vgl. Kap. 3) genau zu bestimmen. Nur dann ist er in der Lage, in der Planungsphase Teilziele unterschiedlicher Wichtigkeit zu erarbeiten. Dann kann er ein System aufeinander aufbauender Ziele entwickeln, denen er schließlich die einzelnen Arbeitspakete zuordnet. Damit alle Teammitglieder an einem Strang ziehen, bedarf es aber nicht nur transparenter Ziele: Die Teammitglieder, die aus verschiedenen Abteilungen kommen, müssen sich während des Projekts auch untereinander austauschen.

Notwendig ist deshalb zusätzlich ein System „kommunizierender Röhren". Denken Sie an ein Schiff aus alten Zeiten, wie Sie es aus Kinofilmen kennen: Wenn es ablegen soll, steht der Kapitän auf der Brücke und spricht in ein Rohr, über das er mit dem Maschinisten kommuniziert. Auch im Projekt braucht es solche Kommunikationsröhren, die quer durchs Unternehmen alle Projektbeteiligten miteinander verbinden. Ohne solche „kommunizierenden Röhren" besteht die große Gefahr, dass die einzelnen Arbeitspakete nahezu unabhängig voneinander ausgeführt werden, da die Teammitglieder ja nur in Teilzeit und unter hohem Zeitdruck für das Projekt tätig sind. Die Zeit, Teilergebnisse abzustimmen und bei Bedarf zu korrigieren, nehmen sie sich nicht. Die Folge wird sein, dass zwei Teilprojektleiter zwar wie im Zielkatalog festgelegt ein halbes Steuerrad entwickelt haben – als Ergebnis aber beide nicht miteinander verbunden werden können.

Es kommt also nicht nur auf ein schlüssiges System aufeinander aufbauender Ziele und Tätigkeiten an, sondern auch darauf, dass die Teammitglieder sich untereinander während der Projektarbeit austauschen. Das ist keineswegs selbstverständlich, denn meist sind sie anderes gewohnt: In der Fachabteilung ist es heute noch die Regel, einen Auftrag abzuarbeiten, ohne sich mit den anderen Fachabteilungen darüber abzustimmen.

Sind die Projektziele allgemein bekannt, ist damit die Grundlage für einen erfolgreichen Projektverlauf gelegt:

- Die Projektmitarbeiter sind in der Lage, die Wege zur Zielerreichung selbstständig zu bewerten und zu priorisieren.
- Der Projektleiter kann begründen, warum einzelne Interessen zurücktreten müssen.

Veränderungen, die durch Unvorhergesehenes notwendig werden, können in einen strukturierten Prozess überführt werden (siehe Ausführungen zum Change Request in Kap. 6).

Damit Projektziele diese Funktionen erfüllen können, benötigen sie bestimmte Eigenschaften – sie müssen „SMART" formuliert sein.

5.1.1   Gute Ziele sind SMART

Wie entscheidend für jedes einzelne Teammitglied die Kenntnis der Ziele ist, hat Peter Drucker treffend auf den Punkt gebracht: „Jeder Manager, sei es der Big Boss, der Vorarbeiter in der Werkhalle oder der Leiter der Buchhaltung, benötigt klar definierte Ziele. Er sollte wissen, welche Leistungen die von ihm geführte Einheit zu erbringen hat. Es sollte genau definiert sein, welchen Beitrag der Manager und seine Einheit leisten müssen, um anderen Einheiten dabei zu helfen, ihre Ziele zu erreichen. Schließlich sollte klar definiert sein, welche Beiträge der Manager von den anderen Einheiten erwarten kann, um seine eigenen Ziele zu erreichen. Das bedeutet, dass die Betonung von Anfang an auf der Teamarbeit und den Teamergebnissen liegen sollte." (Drucker 2005, S. 144)

Ein Ziel gibt einen Punkt in der Zukunft an, den man erreichen möchte – klingt ganz einfach. Und die Forderung, sich über das Ziel klar zu werden, ehe man sich auf den Weg macht (egal ob privat oder in einem Unternehmen), ist nicht weniger trivial. Dennoch wird in der Praxis immer wieder nach dem Beckenbauer-Motto „Schauen wir mal, dann sehen wir schon" oder nach der Führungsmethode „Der Weg ist das Ziel" verfahren. Offensichtlich fällt es doch schwer, Ziele zu formulieren – und zwar so, dass sie erreichbar und praktikabel sind. Denn es demotiviert, wenn ein unerreichbares Ziel gesetzt wird.

Sollen die Ziele für die einzelnen Projektmitarbeiter erreichbar und praktikabel sein, müssen sie bestimmten Kriterien genügen. In der Praxis hat sich dafür die SMART-Regel bewährt (Jetter 2000). Demnach muss ein Ziel fünf Kriterien erfüllen, deren Anfangsbuchstaben den Begriff **SMART** ergeben:

Es muss spezifisch, messbar, ausführbar, relevant und terminiert sein.

Was bedeutet das? Wie finden Sie in der Praxis ein SMARTes Ziel? Im Folgenden soll dies am Beispiel eines Reorganisationsprojekts in der Produktion gezeigt werden. Am Anfang steht eine erste Zielidee, etwa in der Form „Wir müssen den erhöhten Kundenanforderungen genügen", „Wir müssen schneller werden" oder „Die Qualität muss steigen". Es handelt sich also um grobe, die Richtung vorgebende Aussagen, um die „Antreiber" eines Projekts. Meist stammen sie vom Vertrieb oder von der Geschäftsführung, also von Leuten, die im Kontakt mit der Unternehmensumwelt sind und Tendenzen aufspüren, auf die dann intern reagiert werden soll – in Form eines Projekts.

Aufgabe des Projektleiters ist es dann, aus der ersten Idee das konkrete Projektziel zu formulieren. Hierzu nutzt er die Informationen, die er während der Auftragsklärung (vgl. Kap. 3, Kontextanalyse und Umfeldanalyse) gesammelt hat. Mit Blick auf das Projektziel trägt er die Schlüsselbegriffe aus der Auftragsklärung zusammen, notiert sie zum Beispiel auf Kärtchen, die er an eine Metaplanwand hängt. Da stehen dann Begriffe wie „Rückläufer", „Reklamationen", „Rüstzeiten" oder auch schon Aussagen wie „Umsatz erhöhen" und „Ausschussrate verringern". Im nächsten Schritt bringt er wie in einem Puzzle die Karten an der Metaplanwand in eine Ordnung, so dass sich Sätze ergeben.

Beim Beispiel des Reorganisationsprojekts ergibt sich etwa der Satz: „Die Ausschussquote in der Produktionslinie 1 verringern." Diese Aussage entwickelt der Projektleiter nun zu einem SMARTen Ziel weiter, indem er sie anhand der fünf SMART-Kriterien prüft und ergänzt. In aller Regel ist dies ein Prozess, den ein Projektmanager nicht allein, sondern nur im Dialog mit dem Projektumfeld gestalten kann.

5.1.1.1   Kriterium 1: Ist das Ziel spezifisch?

Die erste Frage lautet nun: Ist der Begriff „Ausschussquote" spezifisch? Wie ist er definiert? Meist findet sich im Qualitätshandbuch eine Definition, doch müssen oft weitere Details geklärt werden. Wie wird zum Beispiel verfahren, wenn die Maschine in den Phasen des An- und Abfahrens routinemäßig Fehlstanzungen produziert? Werden diese dann zum Ausschuss gerechnet? Auf welchen Zeitraum bezieht sich die Ausschussquote? Ist es die tägliche, wöchentliche oder monatliche Ausschussquote? Dann: Ist die Produktionslinie 1 hinreichend spezifiziert? Oder geht es möglicherweise nur um eine bestimmte Maschine oder einen Teilprozess in der Linie 1? Am Ende der Überlegungen notiert der Projektleiter dann folgenden Satz: „Monatliche Ausschussquote in Maschinenbahn 23 der Produktionslinie 1 verringern." Das Ziel ist damit spezifisch, aber noch nicht messbar. Damit gelangt der Projektleiter zum zweiten Kriterium.

5.1.1.2   Kriterium 2: Ist das Ziel messbar?

Verringern, was heißt das? Um einen bestimmten Prozentsatz? Wenn ja, worauf soll er sich beziehen, auf den Durchschnitt des letzten Jahres? Oder soll sich der Ausschuss um eine absolute Zahl, also von heute monatlich 100 auf künftig 30 Teile verringern? Sinnvoller als eine einzige Zielgröße wäre es dann, einen Korridor – zum Beispiel zwischen 35 und 23 – festzulegen. Denn eine Punktlandung ist äußerst unwahrscheinlich, realistisch können immer nur Bandbreiten sein. Im Beispielfall entscheidet der Projektleiter, das Ergebnis an einem Prozentsatz zu messen, um den die Ausschussquote mindestens gesenkt werden soll.

5.1.1.3   Kriterium 3: Ist das Ziel ausführbar?

Um die Ausführbarkeit eines Ziels festzustellen, muss der Projektleiter die Experten im Hause danach fragen, ob bestimmte Vorstellungen überhaupt realistisch sind. „Die monatliche Ausschussquote in Maschinenbahn 23 der Produktionslinie 1 von 100 Stück um mindestens 25 % verringern" ist ein spezifisches und messbares Ziel – doch wenn die Fachleute dieses Ziel beim bestehenden Maschinenpark für unerreichbar halten, dann ist die Ausführbarkeit nicht gegeben.

Die Frage, die sich der Projektleiter stellen sollte, lautet deshalb: Ist die Zahl, die ich vorgeben möchte, realistisch – aber immer noch genug Ansporn? Den Ausschuss von 100 auf 99 zu senken wäre sicher vorstellbar und auch ausführbar, aber nicht herausfordernd. Zum Kriterium „ausführbar" gehört daher immer auch der Aspekt „herausfordernd, jedoch nicht überfordernd". Während die Kriterien „spezifisch" und „messbar" das Ziel technisch exakt beschreiben, testet der Projektleiter beim Kriterium „ausführbar", ob das Ziel auch handlungsleitend für die Mitarbeiter ist.

Schließlich formuliert der Projektleiter folgendes Ziel: „Die monatliche Ausschussquote in Maschinenbahn 23 der Produktionslinie 1 wird um mindestens 15 % verringert, bezogen auf die durchschnittlichen Zahlen des Jahres 2012."

5.1.1.4   Kriterium 4: Ist das Ziel relevant?

Das Thema „Ausschuss verringern" muss in die Zielsetzung des Gesamtunternehmens passen – nur dann ist es relevant. Wenn das Unternehmen das Reorganisationsprojekt auflegt und mit der Reduktion der Ausschussquote die Kosten senkt und damit die Wettbewerbsfähigkeit verbessert, handelt es sich um ein relevantes Ziel. Ganz anders läge der Fall, wenn die Unternehmensleitung beschlossen hätte, die Fertigungslinie 1 in einem halben Jahr zu schließen. Dann wäre das Ziel irrelevant. Kriterium 4 besagt also, dass der Projektleiter noch einmal nachprüft, in welchem Kontext das Projektziel steht. In der Regel hat er die Relevanz bereits im Vorfeld des Projekts im Zuge der Auftragsklärung festgestellt.

5.1.1.5   Kriterium 5: Ist das Ziel terminiert?

Bleibt die Frage, wann das Ziel erreicht wird. Grundterminierung und Zeitaufwand hat der Projektleiter bereits in der Auftragsklärung abgefragt, so dass er jetzt einen konkreten Anfangs- und Endtermin abstimmt: „Das Projekt beginnt am 1.4., und die Zielsetzung ist am 30.9. erreicht." Dabei ist allen Beteiligten klar, dass im Projektverlauf Unvorhergesehenes eintreten kann, was Terminänderungen erforderlich machen (vgl. Kap. 6) und den Endtermin in Frage stellen kann.

5.1.2   Wie SMARTe Ziele wirken

Eine klare Zielvereinbarung, die im Dialog entwickelt wird, erleben sowohl der Projektmanager als auch die Projektmitarbeiter als hilfreich und vorteilhaft – vor allem aus fünf Gründen:

- Beide sind sich über den Gegenstand des Projekts (das heißt ihre gemeinsame Arbeit) einig, was eine produktive Zusammenarbeit ermöglicht.
- Der Mitarbeiter kann die Ziele der Arbeit (mit-)bestimmen, er bekommt sie nicht von einem Vorgesetzten „diktiert".
- Für die Einschätzung der Leistung entsteht eine breite, objektive Grundlage.
- Ziele sind ein Motor für Aktivität und Handeln, ihr Erreichen bedeutet motivierende Erfolgserlebnisse.
- Ziele schaffen größere Klarheit über die Arbeit und ermöglichen eine Selbstkontrolle.

Damit Zielvereinbarungen diese positiven Wirkungen entfalten, gilt es allerdings einen wichtigen Aspekt zu beachten: Alle darin vereinbarten Punkte müssen auf die Verhandlungspartner bezogen sein – Verträge zu Lasten Dritter sind ungültig! In der Praxis ist dieser Fehler keineswegs selten, mit manchmal fatalen Folgen. Zwei Beispiele, bezogen auf das bereits beschriebene Restrukturierungsprojekt in der Produktion, machen das deutlich:

In der Zielvereinbarung zwischen dem Projektleiter und einem Teammitglied wird für die Erledigung eines Arbeitspaketes ein halbes Jahr festgelegt. Dabei ist klar, dass für das Arbeitspaket zwei externe Spezialisten benötigt werden, die dem Projektteam aktuell nicht angehören und schon seit Wochen „ausgebucht" sind. Werden sie in die Zielvereinbarung nicht einbezogen, geht der Vertrag zu Lasten Dritter – denn es ist völlig unklar, ob sie zur richtigen Zeit für das Projekt zur Verfügung stehen.

Ein Vertrag zu Lasten Dritter wäre es auch, wenn der Projektleiter in den Vorschlag zur Zielvereinbarung schreibt: „Die technischen Möglichkeiten zur Verringerung der Ausschussquote in Maschinenbahn 23 werden von der Arbeitsvorbereitung zur Verfügung gestellt" – die Arbeitsvorbereitung davon aber gar nichts weiß geschweige denn zugestimmt hat.

Mit solchen Vereinbarungen hat sich der Projektleiter vermeintlich von Verantwortung entlastet, sich aber gleichzeitig jeder Möglichkeit beraubt, den Prozess nun zielorientiert steuern zu können. Denn wer einen Vertrag zu Lasten Dritter schließt, muss wissen, dass er am Ende wohl auf diesen Dritten wartet.

5.2 Motivation – eine unmögliche Aufgabe?

Eine der Hauptaufgaben einer Führungskraft, sei es nun im Projekt oder in der Linie, liegt darin, die Mitarbeiter zu motivieren. So jedenfalls ist es häufig zu hören, wenn über Erwartungen an Führungskräfte gesprochen wird. Doch: Ist die Motivation von Mitarbeitern überhaupt möglich?

5.2.1 Das Strohfeuer der extrinsischen Konzepte

Erfolgreiche Projekt-Kapitäne wissen längst, dass der Anspruch, seine Mitarbeiter durch äußere Anreize motivieren zu wollen, kein kluges Unterfangen ist. Sie halten das für ein wenig zielführendes, aber anstrengendes Konzept. Sicher: Ein Kapitän kann die Mannschaft zwingen, indem er mit Sanktionen droht, zum Beispiel mit der Kürzung der Heuer oder gar dem Über-Bord-Werfen. Damit wird er vermutlich sogar Erfolg haben, wenn auch nur kurzfristig. Mit Motivation hat dies kaum zu tun …

Etwas anderes ist das Führen über Anreize, die für eine bestimmte Leistung in Aussicht gestellt werden. An erster Stelle stehen hier finanzielle Anreize, etwa durch eine variable Vergütung. Im Projektkontext findet sich dieses Konzept in der Variante einer „Projektprämie" wieder.

Doch solche Prämien führen meist nur zu kurzfristigen Effekten. Anreize, klassische extrinsische Motivatoren, eröffnen die Möglichkeit, einen Mitarbeiter kurzfristig zu einer Handlung zu veranlassen, zum Beispiel ein zusätzliches Arbeitspensum zu leisten. Dasselbe Ergebnis lässt sich mit der Androhung einer Sanktion erreichen – was im Falle eines Projekts nur schwer möglich ist. Denn die Position des Projektleiters ist gerade dadurch gekennzeichnet, dass disziplinarische Führungsmittel fehlen.

Die Erfahrung zeigt, dass die extrinsische Motivation nicht von Dauer ist, der Führungskraft viel Kraft abverlangt – und mittelfristig sogar kontraproduktiv ist. So lässt sich im Zusammenhang mit Projektprämien ein „Plateaueffekt" beobachten: Mitarbeiter, die in diesem Jahr aufgrund ihrer besonderen Leistung eine Projektprämie von 2000 € erhalten haben, werden im nächsten Jahr eine weitere Projektprämie in Höhe von 1500 € nicht als motivierenden Anreiz empfinden, sondern eher als „Kürzung ihrer Entlohnung". Anstatt sich über ein zusätzliches Einkommen von 1500 € zu freuen, haben die Mitarbeiter das Gefühl, ein um 500 € niedrigeres Gesamtgehalt als im Vorjahr zu erhalten – denn die Prämie des Vorjahres wird bereits nicht mehr als zusätzlich, sondern als Bestandteil der üblichen Entlohnung erlebt. Jeder neue Anreiz kann dann nur von diesem Plateau aus gesetzt werden. Ein typisches Beispiel für die Strohfeuerwirkung finanzieller Anreize!

Noch deutlicher wird die paradoxe Wirkung externer Belohnungen, wenn man sich klarmacht: Mitarbeiter erhalten hier Prämien für Leistungen, die sie aus freien Stücken, also auch ohne die Prämie erbracht hätten. Dies führt am Ende eher zu Demotivation, denn es schwächt die intrinsische Motivation. Belohnung für ein Engagement, das man ohnehin zeigt (zum Beispiel länger arbeiten), lässt einen das eigene Handeln als „korrumpiert" überdenken. Man beginnt, an der ursprünglichen Zweckfreiheit des Handelns zu zweifeln. Oder anders ausgedrückt: Man sieht die längere Arbeit nicht mehr nur um ihrer selbst willen als sinnvoll und notwendig an, sondern betrachtet sie nur als Mittel zum Zweck für das Erlangen der „Überstundenzulage".

5.2.2 Die nachhaltige Wirkung intrinsischer Motivation

Sehr viel erfolgversprechender und für den Projektleiter in seiner Rolle als nichthierarchische Führungskraft angemessener sind die intrinsischen Wege der Mitarbeitermotivation. Hier geht es nicht darum, das Projektteam von außen zu beeinflussen, sondern die bereits „mitgebrachte" Grundmotivation der Mitarbeiter zu nutzen. Dieses Erfolgsmuster basiert auf der Einsicht, dass Menschen bereits aus sich selbst heraus für eine bestimmte Handlung motiviert sind. Anders ausgedrückt: Menschen sind motiviert, sie müssen nicht erst motiviert werden!

Die Wirkung intrinsischer Motivation auf die Leistung ist nicht nur deutlicher, sondern auch stabiler und anhaltender. Für den Projektleiter, der diese Chance nutzen möchte, hat das vor allem eine Konsequenz: Er muss herausfinden, worin die intrinsische Motivation eines Mitarbeiters liegt, und ihm dann die dazu passende Projektaufgabe übertragen.

Diesen Weg ging auch der Projektleiter im bereits beschriebenen Reorganisationsprojekt in der Produktion: Während der Auftragsklärung entdeckte er im Unternehmen einen jungen Spezialisten für Qualitätsmanagement, der schon an der Hochschule über das Thema „Ausschussquoten im Produktionsprozess" gearbeitet hatte, im Unternehmen bislang aber nur für die Pflege einer Datenbank eingesetzt worden war. Der Projektleiter bot ihm an, ein Arbeitspaket zu übernehmen: Ob er sich vorstellen könne, die Abläufe von Maschinenbahn 23 zu untersuchen und festzustellen, durch welche Maßnahmen sich der Ausschuss verringern ließe? Die Augen des jungen Mitarbeiters leuchteten, als der Projektleiter ihm diesen Vorschlag machte. Endlich würde er einmal von diesen „blöden Datenbanken" wegkommen und in seinem eigentlichen Gebiet, dem Qualitätsmanagement im Produktionsprozess, tätig werden. Hoch motiviert nahm der Mitarbeiter das Angebot an.

Wie das Beispiel zeigt, kommt es bereits bei der Zusammenstellung des Projektteams darauf an, die richtigen Leute für die einzelnen Projektaufgaben zu kennen. Zunächst sollte der Projektleiter deshalb herausfinden, was den einzelnen Mitarbeiter antreibt. Dazu muss er wissen, welche persönlichen Motivatoren er ansprechen kann und wo die Demotivatoren gelagert sind. Dies geschieht in einem ausführlichen Gespräch, in dem der Projektleiter mindestens folgende Themenfelder erkundet:

- Welche persönlichen Interessen haben die Spezialisten, die das Projektteam bilden?
- Ist es für den Mitarbeiter das erste Projekt oder handelt es sich um einen alten Fuchs, dem „etwas Besonderes geboten werden muss"?
- Welche Ambitionen, Wünsche, Ziele verbindet ein Mitarbeiter mit dem Projekt? (Motivatoren)
- Was darf aus Sicht der Mitarbeiter nicht passieren, wo liegen deren Tabus? (Demotivatoren)

Der Projektleiter erschließt auf diese Weise die Motivationsquellen, die er später bequem fließen lassen kann, wenn er sie schon bei der Planung des Projekts berücksichtigt. Erfolgreiche Projektlenker fördern und fordern bei ihren Teammitgliedern also das, was den Motivatoren dient, und vermeiden eine Projekttätigkeit, die die Demotivatoren anspricht.

5.2.3   Ein Rädchen im Uhrwerk – Motivation durch Zusammenhang

Projektmitarbeiter akzeptieren in der Regel, dass sie „nur" ein Rädchen im Uhrwerk des Gesamtprojekts sind. Innerhalb von Arbeitsteilung tätig zu sein ist eine Grunderfahrung von Mitarbeitern, auf der ein Projektleiter ohne Weiteres aufbauen kann. Wichtig ist nur: Jeder Mitarbeiter möchte wissen, welches Rädchen er dreht und wie sich dieses Rädchen mit allen anderen zum Großen und Ganzen zusammenfügt.

Dies erklärt, warum ein guter Projektplan für die Motivation so entscheidend ist: Eine nachvollziehbare Projektstruktur, ein verständlicher Terminplan und SMARTe Ziele zeigen jedem einzelnen Mitarbeiter, wie das „Projektuhrwerk" aussieht, in dem er für sein wichtiges Rädchen die Verantwortung trägt. Ein guter Projektplan macht den Zusammenhang erkennbar, in dem jedes Teammitglied eigenverantwortlich handelt.

So erkannte zum Beispiel der junge Qualitätsmanagement-Spezialist, der im beschriebenen Reorganisationsprojekt ein Arbeitspaket übernehmen sollte, auf Anhieb seinen Platz im Uhrwerk. Am Projektplan konnte er ablesen, dass er für das Arbeitspaket „Maschinenoptimierung" die Verantwortung tragen würde, das eingebettet ist in ein Teilprojekt „Technische Analyse", neben dem es noch zwei weitere Teilprojekte gibt. Damit war klar, dass er selbst sich die Maschinentechnik ansehen würde, während sich Kollegen unter anderem mit der Qualität der Vorprodukte oder der Qualifikation der Bediener befassen würden – und dass damit das Team insgesamt alle aktuell denkbaren Faktoren für Fehlteile abdeckt. Der Projektplan führte ihm vor Augen, wie jedes Teammitglied mit seiner Spezialisierung zum Erfolg des Gesamtprojekts beitragen würde.

Die Kenntnis dieses Zusammenhanges setzt beim Projektteam die Leistungsmotivation frei, die unabhängig von Anreizen, Sanktionen und anderen Verhaltensweisen des Projektleiters wirkt. Die Kenntnis des Zusammenspiels der Projekttätigkeiten und das Bewusstsein, etwas Wichtiges zum Projekterfolg beizutragen, sind stabile Motivatoren und von der „Tagesform" weitgehend unabhängig (Malik 2001). Gerade für Projektmanager, die ihre Mitarbeiter in der Regel nicht täglich sehen und führen, ist das Beherrschen dieser besonderen Klaviatur der Leistungsmotivation besonders effektiv. Dazu folgender Exkurs.

5.2.4 „Sinnvolle" Motivation – Ein kurzer Blick in die Theoriewerkstatt

Hinsichtlich der intrinsischen Motivation spielen für die Praxis vor allem drei Modelle eine Rolle: die Zwei-Faktoren-Theorie Hertzbergs, die Maslowsche Bedürfnispyramide und die „sinnzentrierte Motivation" nach Frankl.

Die Theorie von Frederick Hertzberg (Hertzberg 1966) basiert auf einer umfangreichen Studie, bei der Hertzberg Mitarbeiter nach Ereignissen befragte, die zu hoher Zufriedenheit oder Unzufriedenheit geführt hatten. Er fand heraus, dass es zwei Arten von Faktoren gibt, die auf die Arbeitsmotivation einwirken. Das sind zum einen die „Hygienefaktoren", deren Fehlen oder unzureichende Ausprägung unzufrieden macht; hierzu zählen Faktoren wie Entlohnung, äußere Arbeitsbedingungen und Führungsstil. Zum anderen sind es die „Motivatoren", die unmittelbar die Arbeitsmotivation fördern; hierzu gehören Faktoren wie Verantwortungsübernahme, Anerkennung und Leistungsstolz. Aus seinen Ergebnissen zog Hertzberg die Schussfolgerung: Führungskräfte müssen dafür sorgen, dass die Hygienefaktoren stimmen – und darüber hinaus sollten sie Maßnahmen treffen, die die Motivatoren ansprechen.

Die Maslowsche Bedürfnispyramide geht auf ein von Abraham Maslow bereits 1943 (Maslow 2002) veröffentlichtes Modell zurück. Es teilt die menschlichen Bedürfnisse in fünf Ebenen ein, die von unten nach oben die Stufen der Pyramide bilden: physiologische Grundbedürfnisse, Sicherheit, soziale Bedürfnisse, Wertschätzung und Selbstverwirklichung. Maslows Grundgedanke liegt nun darin, dass ein Mensch danach strebt, in der Pyramide aufzusteigen – wobei immer zuerst die Bedürfnisse der niedrigeren Stufe erfüllt sein müssen, bevor er zur nächsten Stufe aufsteigt.

Die Faktorentheorie Hertzbergs wird heute immer noch genauso unter dem Stichwort Motivation gelehrt wie die berühmte Bedürfnispyramide Maslows. Ohne Zweifel waren beide zu ihrer Zeit bahnbrechende theoretische Ideen, doch wenn es um Motivation im Kontext von Projektführung geht, können sie nur wenig helfen. Im Falle von Maslow ist der Aussagewert der Theorie insofern sehr beschränkt, als sich die Motivierungsbemühungen einer Führungskraft heute allein in der fünften Ebene abspielen – im Bereich der Selbstverwirklichung des Mitarbeiters. Die Pyramide selbst mit ihrer groben Unterteilung bietet damit keine Hilfe mehr für die Zusammenhänge, in denen sich heute ein Projektleiter bewegen muss. Auch der Ansatz von Hertzberg ist zu unspezifisch, um in der Projektführung tatsächlich weiterzuhelfen: Die von ihm genannten Motivatoren sind zu allgemein beschrieben, als dass sich daraus praktische Hinweise für die Projektführung gewinnen ließen.

Im Unterschied dazu halte ich die These von Viktor Frankl, der im Erleben von Sinn den entscheidenden Motivator sieht, für den Führungsalltag gut geeignet. Die von ihm formulierte Grundidee einer „sinnzentrierten Motivation" (Frankl 1979) ist ebenso einfach wie einleuchtend: Das Erleben von Sinn ist die stärkste Motivation für einen Menschen.

Diese Idee bestärken meine eigenen Beobachtungen. So erlebe ich es, dass Projektleiter bei der Gesellschaft für technische Zusammenarbeit (GTZ) oder beim Deutschen Entwicklungsdienst (DED) deutlich schlechter bezahlt sind als ihre Kollegen in Industrieunternehmen. Zudem arbeiten sie in einem Umfeld, das kaum Maslows Grund- und Sicherheitsbedürfnisse erfüllt, wenn sie zum Beispiel ein Brunnenbauprojekt in einer afrikanischen Steppenlandschaft leiten. Dennoch erfüllen sie ihre Aufgabe sehr motiviert und mit hohem persönlichen Einsatz. Oder ich erlebe in einem Energiekonzern einen Projektleiter, der mit hoher Motivation ein Projekt zur Energieeinsparung und CO_2-Reduzierung voranbringt und mit seinem Esprit auch das Umfeld ansteckt – weil er von der Idee überzeugt ist: „Fossile Ressourcen sind endlich, wir müssen die Erderwärmung stoppen. Das dürfen wir nicht Attac überlassen, sondern hier müssen wir als Energiekonzerne selbst handeln."

Solche Projektleiter erleben Sinn in ihrer Tätigkeit. Sie sind hoch motiviert, handeln aus innerer Überzeugung, arbeiten überdurchschnittlich erfolgreich – und sind weit davon entfernt, in operative Hektik zu fallen.

Das Erleben von Sinn findet sich zwar auch in Modellen wie der Maslowschen Pyramide, doch wird es hier nicht als Primärmotivation gesehen. So findet sich dieser Gedanke zwar bei Maslow in einer hohen Stufe seiner Bedürfnispyramide, dessen mechanistisches Stufenmodell geht jedoch davon aus, dass erst die niederen physischen Bedürfnisse befriedigt sein müssen, damit der Mensch sich dem höheren Bedürfnis nach Sinn und Verwirklichung zuwendet. Es kommt also „das Fressen vor der Moral". Demgegenüber lässt sich beobachten, dass die Frage nach dem Sinn eines Handelns auch schon bei existenziellen privaten oder beruflichen Krisen aufgeworfen wird – und nicht erst dann, wenn es einem körperlich und beruflich gut geht. (Frankl 1979, S. 146). Es verhält sich also gerade andersherum als bei Maslow: „Der Wille zum Sinn ist die Primärmotivation des Menschen" (Berschneider 2003, S. 79).

5.2.5 Die Primärmotivation nutzen

Das Erleben von Sinn ist ein starker intrinsischer Motivator für einen Projektmitarbeiter – so lautet mein Fazit des kleinen Exkurses in die Theorie. Nun stellt sich natürlich die Frage, welche Konsequenzen eine Führungskraft aus dieser Erkenntnis ziehen sollte. Wie können Sie als Projektleiter diese Primärmotivation nutzen?

Zunächst gilt es, die grundlegenden psychologischen Prozesse zu bedenken, die in diesem Zusammenhang wirksam sind. Hier kommt es vor allem auf zwei Aspekte an:

• Sinn kann nicht von anderen vorgegeben oder gar verordnet werden,
• sinnvolles Handeln entsteht aus dem individuellen Bestreben, bestimmte persönlich wichtige Werte zu verwirklichen.

Als Projektleiter sollten Sie deshalb das Ziel einer Aufgabe so beschreiben, dass der Mitarbeiter es in freier Entscheidung für sich akzeptieren kann. Zudem sollten Sie es so kommunizieren, dass der Mitarbeiter in der Aufgabe einen Sinn entdecken kann – und zwar ohne, dass er von außen, also von Ihnen, dazu aufgefordert wird. Konkret gelingt Ihnen das, wenn Sie bei Gesprächen fragen und aktiv zuhören.

Der folgende Fragenkatalog hilft Ihnen, einem Projektmitarbeiter das richtige Aufgabenpaket anzuvertrauen – eine Aufgabe, die er motiviert anpacken wird:

• Stehen die Anforderungen der Aufgabe und die Fähigkeiten der Mitarbeiter miteinander in Einklang? Droht eine Über- oder Unterforderung?
• Kann der Mitarbeiter möglichst das tun, was er am besten kann?

- Wird er voraussichtlich die Aufgabe für sinnvoll halten?
- Wird er die Aufgabe zu der seinen machen und sieht er sie als Chance zu lernen?

Damit kein Missverständnis entsteht: Bei sinnorientierter Projektführung geht es nicht darum, dass ein Mitarbeiter sich die Aufgaben aussucht, die ihm Spaß machen – vielmehr kommt es darauf an, dass er die ihm übertragene Aufgabe als sinnvoll erlebt. Es gibt genug Tätigkeiten, die zwar ungeliebt, aber dennoch notwendig sind, um das Projektziel zu erreichen. Beispiele hierfür sind die technische Dokumentation oder der Projektabschlussbericht.

5.2.6   Alle Mann stürmen an Bord – Den Flow erreichen

Im Idealfall, wenn dem Projektleiter die SMARTe Zielformulierung, die gute Planung und die sinnvolle Delegierung von Aufgaben gut gelingen, kann es sogar sein, dass die Mitglieder des Projektteams in ihrer Tätigkeit völlig aufgehen – sprich: einen Flow-Zustand erreichen.

Das Flow-Konzept geht auf Mihalyi Csikszentmihalyi, einem in Ungarn gebürtigen Psychologen, zurück (Csikszentmihalyi 2008). Seit Mitte der 90er-Jahre stellte er in langen Versuchsreihen den sogenannten Flow-Zustand, das heißt einen Augenblick sehr hoher Arbeitszufriedenheit fest. Menschen empfinden hier ein angenehmes „Fließen" der Zeit bei einer produktiven Tätigkeit.

Flow ist unter anderem gekennzeichnet durch:

- die Fähigkeit, sich auf die Aufgabe voll und ganz zu konzentrieren;
- das Gefühl, der Aufgabe gewachsen zu sein;
- ein deutliches Ziel für das eigene Tun zu sehen;
- eine unmittelbare Rückmeldung auf die eigene Handlung zu erleben;
- das positiv empfundene Verschwinden des Zeitgefühls („Zeit vergeht wie im Fluge");
- das Gefühl, die aktuelle Tätigkeit selbst zu kontrollieren.

Beflügelt wird das Flow-Erlebnis durch die gute Balance zwischen einer echten Herausforderung und dem hierfür vorhandenen Können. Menschen sind dann zu Höchstleistungen bereit, wenn die Aufgabe nicht zu leicht (Langeweile stellt sich ein), aber auch nicht zu schwer (Angst macht sich breit) ist.

Was kann ein Projektmanager nun dazu beitragen, dass Flow entsteht? Achten Sie auf folgende vier Voraussetzungen:

- Die Ziele sind SMART, gemeinsam im Dialog entwickelt und vom Mitarbeiter als sinnvoll eingestuft.
- Jeder Mitarbeiter kennt seine Aufgabengebiete und entwickelt seinen Tätigkeitsbereich weitgehend selbst – oder er wird vom Projektmanager so angeleitet und trainiert, dass sich diese Selbstständigkeit kurz- bis mittelfristig einstellt.
- Die einzelnen Aufgaben im Projekt werden über eine transparente Planung so verknüpft, dass die Zusammenhänge erkennbar sind. Jeder kann sich und seine Aufgabe als „Rädchen im Uhrwerk" verorten.
- Weil ein Projektleiter mit den Punkten 1 bis 3 Flow nur entstehen lassen, aber nicht aktiv herbeiführen kann, sind kontinuierliches Zuhören und genaue Beobachtung angezeigt.

5.3   Teamentwicklung heißt: Gruppendynamik aktiv nutzen!

„Funktionierende, hoch motivierte Teams sind die Voraussetzung für erfolgreiche Projekte. Nur Menschen, die gerne und engagiert miteinander arbeiten, können ihre Fachkompetenz in eine effiziente Projektabwicklung und hervorragende Ergebnisse umsetzen. Dazu werden Projektleiter gebraucht, die es verstehen, ihre Mitarbeiter zu führen und ihnen Spaß an der Arbeit zu vermitteln. Intuition reicht dafür nicht aus." So ist im Standardwerk der Deutschen Gesellschaft für Projektmanagement im Kapitel Teamarbeit zu lesen (Schelle et al. 2005, S. 367). Das Zitat weist genau auf den Punkt hin, auf den es in der Leitung von Projekten ankommt: die Teamentwicklung aktiv zu führen – und nicht passiv zu warten, ob sie geschieht oder nicht.

5.3.1   Gruppendynamik aktiv nutzen

Gruppendynamik ist wie ein Naturereignis: immer vorhanden und kaum steuerbar. Ein Kapitän wird nicht versuchen, mit dem Wetter darüber zu verhandeln, dass es doch weniger stürmen möge. Stattdessen wird er sich mit dem Sturm arrangieren und sogar versuchen, den Rückenwind zu nutzen.

Auch ein Projektmanager muss entscheiden, ob er Dynamik und Energie einer Gruppe bewusst nutzen will – oder ob er diese Dynamik ignoriert, womöglich sogar versucht, gegen sie anzukommen, und unter Umständen deren Opfer wird.

Um die Chancen der Gruppendynamik nutzen zu können, sollten Sie sich der Phänomene bewusst sein, die hinter solchen gruppendynamischen Prozessen stehen. Andernfalls laufen Sie Gefahr, Symptome wie Streit, Renitenz und Widerstände individualpsychologisch zu erklären. Sie werden dann versuchen, die Ursache bei einem einzelnen Teammitglied zu finden, und den „Widerständler" womöglich aus dem Team entfernen. Die Situation wird sich dadurch aber nicht verbessern – eben weil die Ursache für das Problem nicht in der einzelnen Person, sondern im gruppendynamischen Phänomen liegt.

Es geht also darum, nicht den Stellvertreter des Phänomens zu attackieren, sondern das Phänomen selbst zu bearbeiten – und möglichst für die Projektziele zu nutzen.

Vor allem drei Phänomene sollten einem Projektleiter bewusst sein:

• Projekte irritieren die Organisation,
• Projektarbeit bedeutet „netzwerken",
• Projektmanagement bedeutet Risiken auszuhalten.

5.3.1.1   Projekte irritieren die Organisation

Wenn zum Beispiel ein Reorganisationsprojekt bisherige Abläufe in Frage stellt oder ein Change Projekt auf eine radikale Veränderung abzielt, stößt es schnell auf Skepsis oder löst sogar Ängste aus. Während ein Projekt Neues schaffen will, möchte die Organisation im Bestehenden verharren oder tendiert auf den stabilen Ausgangspunkt zurück. Dies ist spätestens seit Kurt Lewins Modell des „Freeze and unfreeze" (Lewin 1951) ein weithin bekanntes Phänomen.

In diesem Spannungsfeld kommt es nun auf das Handeln des Projektteams an, wohin sich die Situation bewegt: in eine kreative Unruhe („Gut, dass das Thema angepackt wird") oder in eine Abstoßung und Ausgrenzung („Das brauchen wir nicht, das nützt nichts").

5.3.1.2   Projektarbeit bedeutet „netzwerken"

Die Struktur „Projektteam" ist weit weniger stabil als eine Abteilung in der hierarchischen Organisation. Denn das Projekt besteht nur eine begrenzte Zeit, die Mitglieder sind parallel in anderen Gruppen tätig und erfüllen ganz bestimmte Aufgaben – um nur die wichtigsten Unterschiede zu nennen (vgl. Kap. 2). Die Folge ist eine Kooperation auf Zeit, die das Teammitglied vor die Notwendigkeit stellt, in seinen anderen Projekten und vor allem seiner „Heimatabteilung" anschlussfähig – sprich: sichtbar und geschätzt – zu bleiben. Es bedarf also einer Kommunikation, mit der sich der einzelne Mitarbeiter selbst positioniert und vermarktet. Er wird zum Netzwerker, der so im Unternehmen deutlich macht, dass er etwas anbietet, das begehrt und von Wert ist. Für den Projektleiter ist es wichtig zu wissen: Der Mitarbeiter engagiert sich für das Projekt, wird aber immer auch danach trachten, durch Netzwerken seinen Wert und seine Anschlussfähigkeit an andere Teams im Unternehmen zu erhalten oder sogar zu verbessern.

5.3.1.3   Projektmanagement bedeutet Risiken auszuhalten

Projekte sind eine Reise durch unbekannte Gewässer. Es gibt immer wieder Situationen, die so nicht geplant waren und in denen das Projektteam entscheiden muss, wie es damit umgehen soll. Ganz gleich nach welcher Entscheidungsregel dabei verfahren wird, immer wird es Zufriedene und weniger Zufriedene geben – weil es keine objektiv richtige Entscheidung gibt, wenn sich ein Projektteam auf unbekanntes Terrain vorgewagt hat. Das bedeutet, dass Projektteam und Leiter immer etwas aushalten müssen. Sie haben mit Unsicherheit zu tun, müssen sich ständig verändernden Gegebenheiten anpassen, dabei entscheidungsfähig bleiben, auch wenn die Rahmenbedingungen unscharf und die Folgen einer Entscheidung schwer abschätzbar sind. Risiko allerorten!

Es braucht also einen Projekt-Kapitän, der mit solchen Situationen gelassen umgeht, weil er weiß, dass Eindeutigkeit in diesen Gewässern nicht zu erwarten ist. Ein solcher Kapitän zeichnet sich durch eine gehörige Portion Ambiguitätstoleranz aus: Er hält uneindeutige Situationen aus und bleibt in ihnen handlungsfähig. Der Projektleiter ist prinzipiell offen für Neues, ohne beliebig zu sein.

5.3.2   Die Entwicklung von Teams

Ein funktionierendes Team wird nicht einfach „geboren", sondern muss sich sein gutes Zusammenspiel erst erarbeiten. Dieser Prozess kann in vier Phasen unterteilt werden (Tuckmann 1965): Startphase, Konfliktphase, Organisationsphase und Synergiephase.

5.3.2.1   Startphase

Menschen begegnen neuen Kollegen im Projekt sehr unterschiedlich. Manche sind ängstlich und zurückhaltend, spielen zunächst einmal Beobachter. Andere sind lebhaft und freuen sich auf die Herausforderung, mit neuen Menschen zusammenzuarbeiten. Wieder andere wollen Aufmerksamkeit erregen und nutzen jeden günstigen Moment, um ihre Person im richtigen Licht erscheinen zu lassen. Jeder Mensch hat seine erlernte, individuelle Methode, um mit anderen in Kontakt zu kommen. Dadurch ist die Zahl der möglichen Verhaltensweisen unendlich groß – und die Gruppendynamik beginnt. Denn nun geht es um grundlegende Dinge: Wer darf hier was? Wer zeigt sich wann und setzt sich für wen oder was ein?

Auf dieser Basis beginnt sich ein Team zu formen. Die Mitglieder wollen viel übereinander erfahren: Einstellungen, Kontaktbereitschaft und Arbeitsstil gehören dazu. Das Team entwickelt in der Regel eine freundliche Kollegialität. Gemeinsame Normen und Werte sind noch nicht vorhanden, auch ein Gruppen- oder Wir-Bewusstsein existiert noch nicht.

Die Gruppenmitglieder orientieren sich oft an dominanten Personen. Sie probieren verschiedene Verhaltensweisen aus, um festzustellen, welche in der Gruppe akzeptiert werden und welche auf Widerstand stoßen. Eine klare Aufgabenverteilung und Rangordnung sind noch nicht vorhanden.

In dieser Phase nutzt ein erfolgreicher Projektleiter vor allem seine Kompetenzen im MP-Führungsstil (vgl. Kap. 2) und konzentriert sich auf Mitarbeiter- und Prozessorientierung. Er achtet darauf,

- seine Führungsrolle aktiv zu gestalten und sichtbar zu sein;
- dass alle „ihren Platz" finden – jeder muss sich ernst genommen und „sinnvoll" fühlen;
- Kontakt und Kommunikation der Teammitglieder besonders zu fördern (Ein längerer Startworkshop kann sehr hilfreich sein, denn ein Kennenlernen und gemeinsamer Dialog sind jetzt besonders wichtig);
- Transparenz zu organisieren (Warum ist dieses Team gebildet worden? Wie ist das gelaufen, dass wir hier in dieser Formation zusammensitzen? Situationsklärung geht jetzt vor Sacharbeit!);
- Ängste ernst zu nehmen (Diese sind erwartbar und verständlich – sprechen Sie die „Wahrheit der Situation" direkt und nicht schönfärberisch an!);
- sich beim Start Zeit zu lassen.

5.3.2.2 Konfliktphase

In der zweiten Phase der Teamentwicklung, der Konfliktphase, streben die Mitglieder danach, Beziehungen zueinander aufzubauen. Dahinter steht die tiefere Absicht, sich selbst möglichst viel Macht und Einfluss in der Arbeitsgruppe zu verschaffen. Hierzu gehen die Teammitglieder verschiedene Bündnisse miteinander ein. Einige Mitglieder entwickeln sich dabei zu wichtigen Schaltstellen. Da hierbei um Rang und Position gekämpft wird, tritt die freundliche Kollegialität zurück, die in der Startphase das wesentliche Merkmal war. Einzelne Gruppenmitglieder stellen sich gegen andere, aber auch gegen Normen, die sich allmählich entwickeln. Das Konfliktpotenzial ist dadurch besonders groß.

Das Verhalten des Projektleiters wird intensiv von allen Teammitgliedern beobachtet und bewertet. Der Kapitän muss sich behaupten und zeigen, dass er die Rolle produktiv ausfüllen kann. Die Mitarbeiter treffen in dieser Phase die Entscheidung, ihn als „Chef" anzuerkennen – oder auch nicht. Falls nicht, finden die Mitarbeiter geschickt Möglichkeiten, die Führung zu unterlaufen.

Ihre Präsenz als Projektleiter ist in dieser Phase besonders gefordert. Nutzen Sie dazu das Repertoire aus dem ME-Führungsstil (vgl. Kap. 2). Behalten Sie sowohl das Mitarbeiterverhalten als auch das Ergebnis bzw. Ziel im Auge und konzentrieren Sie sich jetzt auf folgende Punkte:

• Krisen und Konflikte sind zu erwarten – und wenn sie auftreten, sind sie ein gutes Zeichen der Teamentwicklung. Sie müssen aber moderiert werden.
• Unterschiede sind normal und müssen deutlich werden. Lassen Sie deshalb Kontroversen zu.
• Störungen haben Vorrang. Fördern Sie bei „dicker Luft" produktive Metakommunikation, indem Sie zu „persönlichen" Aussagen und zu Diskussionen auf der Beziehungsebene einladen. (Formulierungen wie „Bleiben Sie mal sachlich!" heizen schwelende Konflikte nur zusätzlich an.)
• Initiieren Sie bei schwerwiegenden Störungen eine Konfliktregelung (vgl. Kap. 2).

Seien sie wachsam und bleiben Sie misstrauisch, wenn es harmonisch zugeht und Auseinandersetzungen ausbleiben. In diesem Fall nimmt Ihr Projekt offenbar keiner wirklich ernst! In der Konfliktphase entscheidet sich, ob sich die Gruppe weiterhin zu einem Team entwickelt. Wichtige Aspekte müssen jetzt geklärt werden. Hierzu zählt zum Beispiel die Frage, wie die Zusammenarbeit konkret aussieht und was mit den Teammitgliedern geschehen soll, die eine Zusammenarbeit erheblich blockieren. Erst wenn wieder Ruhe in die Gruppe kommt und jeder weiß, wo er steht, kann die nächste Phase der Teamentwicklung beginnen.

5.3.2.3   Organisationsphase

Die dritte Phase der Teamentwicklung ist vom Wunsch des Teams nach guter Zusammenarbeit geprägt. Die Mitglieder zeigen vermehrtes Interesse, sich als Projektteam funktionsfähig zu machen. Ein Wir-Gefühl entsteht.

Alle Gruppenmitglieder bemühen sich, mehr Sach- und Zielorientierung in die Planung und Ausführung ihrer Arbeit einzubringen. Dazu finden aufgeschlossene Diskussionen statt. Die Leistungen der Gruppe und ihrer Mitglieder werden selbstkritisch bewertet, Leistungen der anderen Mitglieder zunehmend respektvoll beachtet. Das Verständnis untereinander wächst.

Das Team übt erste Problemlösungsstrategien ein, wobei Kreativität, Flexibilität und Effektivität besonders wichtig sind, um weiter im Teamentwicklungsprozess voranzukommen. Dauerhafte Normen entwickeln sich, klare Spielregeln werden definiert. Als Projektmanager können Sie diesen Prozess durch eine Führung im SP-Stil (vgl. Kap. 2) unterstützen. Mit Fokus auf Ihre Leitungsrolle und den Fortgang des Projektprozesses:

- Überprüfen Sie regelmäßig die Klarheit von Zielen, Aufgaben und der Projekt-struktur. So stellen Sie fest, ob wirklich allen Teammitgliedern noch bewusst ist, was verabredet wurde;
- fördern Sie das Herausbilden geeigneter Rituale im Team, denn bewusste Rituale strukturieren die Kooperation und wirken positiv auf die Effektivität;
- überprüfen Sie regelmäßig „anfällige" Bereiche wie Schnittstellen, Vertretungen und Change Requests (vgl. Kap. 6) und kommunizieren Sie mit allen Betroffenen;
- schlagen Sie Spielregeln vor, die sich bewährt haben. Dazu gehören zum Bei-spiel Vereinbarungen, welche Informationen als Hol- und welche als Bringschuld anzusehen sind, wie Abweichungen kommuniziert werden und welche Entschei-dungsregeln gelten sollen;
- achten Sie auf eine absichtsvolle und strukturierte Kommunikation.

5.3.2.4   Synergiephase

Mit der fünften Phase, der Synergiephase, wachsen die Mitglieder der Projektgrup-pe zu einem gereiften Team zusammen. Sie zeigen Geschlossenheit und pflegen einen engen Kontakt untereinander. Die Funktionen jedes Einzelnen sind klar de-finiert. Jeder leistet seinen eigenen, unverwechselbaren Beitrag zum Ganzen.

Alle Teammitglieder setzen sich füreinander ein. Die Gewissheit, dass einem die anderen bei Engpässen helfen werden, ist bei jedem Teammitglied vorhanden. Ein weiteres wesentliches Merkmal dieser Phase ist der zwanglose Umgang miteinander, der auf gegenseitiger Wertschätzung beruht.

Damit diese produktive Phase stabil bleibt, sollten Sie sich als Projektleiter wach und konzentriert verhalten und ihr gesamtes Repertoire an Führungsstilen situativ nutzen. Jetzt kommt es an auf:

- die Moderation des Teamprozesses und die Prozesssteuerung im Projektteam,
- die Vertretung des Teams nach außen und die Mikropolitik,
- Offenheit und Wachheit für persönliche Belastungen, Signale der Überforderung und Anzeichen für notwendige Veränderungen,
- die Förderung der produktiven Gruppendynamik durch regelmäßige Teamstand-ort-Bestimmungen und Zwischenbilanzen.

Die Geschlossenheit des Projektteams fällt in dieser Phase oft auch nach außen hin auf. Dabei muss sich ein erfolgreiches Projektteam der Gefahr bewusst sein, dass von anderen Gruppen verzerrte Eindrücke zur Teamleistung geäußert werden. Oft werden erfolgreichen Projektteams dann Arroganz und Isolierungsstreben unter-stellt. Dem begegnen Sie am wirkungsvollsten durch eine weiterhin kontinuierliche Kommunikation mit dem Projektumfeld.

5.3.3   Gruppendynamische Rollen im Projektteam

Um das Projektschiff erfolgreich durch die einzelnen Teamentwicklungsphasen zu steuern, ist es nützlich, auf die unterschiedlichen Typen und Teamrollen zu achten, deren richtiges Zusammenspiel die eigentliche Stärke eines Teams ausmacht. Prof. Belbin (Belbin 1993) identifizierte acht Teamrollen, die gemeinsam ein solides und effizientes Team bilden können: acht Stärken, die sich addieren und so die Entwicklungsfelder der jeweils anderen ausbalancieren können.

Grundsätzlich wirkt ein Teammitglied in zweierlei Hinsicht:

• als Spezialist mit Fachwissen, das im Arbeitspaket oder Teilprojekt benötigt wird,
• in seiner korrespondierenden Teamrolle, das heißt auf die Art und Weise, wie es seine eigene Persönlichkeit, seine Charakterzüge in das Projektteam einbringt.

Die Wirkung eines Mitarbeiters im Projektteam versteht Belbin als Mixtur von individuellem Wissen und Teamverhalten. Beide Ebenen sind gut beobachtbar und mit professionellen und validen Methoden diagnostizierbar.

In der Teamrollenanalyse werden acht Rollen unterschieden, die sich in drei Bereiche einteilen lassen:

• aktionsorientierte Rollen (Macher, Umsetzer, Perfektionist),
• menschenorientierte Rollen (Koordinator, Teamarbeiter, Weichensteller),
• geistige Rollen (Neuerer, Spezialist).

Die Kenntnis der Charakteristika dieser acht Rollen erlaubt es dem Projektleiter, die Rollen bewusst für die Gruppendynamik zu nutzen und dem Team dadurch einen zusätzlichen Produktivitätsschub zu geben.

Teamrolle 1: Der Macher („Shaper", „Arbeitstier")

• sucht nach dem Kern von Diskussionen und stimuliert Aktionen und Fortschritte im Prozess; dabei bekämpft er Ineffizienz und Zeitverschwendung;
• ist auch unter hoher Belastung produktiv und ergebnisorientiert;
• ist mutig genug, gegen andere Meinungen anzugehen – auch wenn er eine Minderheitenposition einnimmt.

Andererseits

- wird er gelegentlich als „drängelnd", autoritär oder provokativ empfunden,
- regelt er gerne Dinge abseits des Teams und ohne Absprache.

Teamrolle 2: Der Umsetzer („Implemeter", „Praktiker")

- ist ein praxisbezogener Organisator, der Entscheidungen in konkrete Aktivitäten überführt;
- ist fokussiert auf Dinge, die realistisch und erreichbar sind.

Andererseits

- hat er aber manchmal Schwierigkeiten in offenen, komplexen Situationen zu agieren,
- setzt auch er zu schnell um und kritisiert andere dann für ihre Langsamkeit bzw. „Bedenkenträgerei".

Teamrolle 3: Der Perfektionist („Completer")

- ist die Person „hinter dem Vorhang", die auf alle Kleinigkeiten achtet, um den Projektplan einzuhalten. Er ist voll auf die Aufgabe konzentriert;
- arbeitet sehr sorgfältig und gewissenhaft; er achtet darauf, dass Spezifikationen und Standards eingehalten werden und vermeidet Fehler um fast jeden Preis.

Andererseits

- ist er dabei oft „nervig", allein unterwegs und hat wenig Einbindung in die sozialen Beziehungen im Projektteam;
- behindert gelegentlich den Projektfortschritt mit seiner Detailbesessenheit und dem ausgeübten Zeitdruck, um den Termin einzuhalten.

Teamrolle 4 : Der Koordinator („Chairman")

- bringt die Personen im Team zur Einigung/Übereinstimmung;
- handelt zielorientiert, direkt und fragt viel;
- ermöglicht es dem Einzelnen, seine Energien bestmöglich in die Gruppe einzubringen und leitet Meetings so, dass eine produktive Arbeit entsteht;
- erkennt Potenziale und Fähigkeiten im Team.

Andererseits

- läuft er aber auch Gefahr, Entscheidungen zu treffen, bevor eine Sache gründlich geklärt und diskutiert ist;
- toleriert die Ideen und Vorstellungen anderer oft zu lange;
- zieht sich bei starker Dominanz anderer schnell aus der Rolle zurück.

Teamrolle 5: Der Teamarbeiter („Teamworker")

- ist beliebt und fördert die Kommunikation und den Teamgeist. Er kommuniziert verbindlich und freundlich;
- integriert Leute und ihre Aktivitäten in das Projekt und hat ein offenes, vertrauensvolles Wesen;
- fokussiert seine Gedanken auf „den Kern einer Sache" und die Kooperation im Team.

Andererseits

- vermeidet er dabei Verhaltensweisen, die bei anderen Widerstände provozieren, so sehr, dass er konfliktscheu wirkt;
- gibt er sich teilweise grandios in der eigenen Rolle („Ohne mich läuft hier nichts").

Teamrolle 6: Der Weichensteller („Resource Investigator", „Netzwerker")

- pflegt Kontakte außerhalb des Teams und hält Ausschau nach neuen Ideen, Entwicklungen und Anregungen; er ist sehr gesellig, kommunikativ und kontaktstark;
- macht Vorschläge, wie man von neuen Gelegenheiten profitieren kann.

Andererseits

- verliert er leicht das Interesse, wenn der Fokus im Team auf internen Themen liegt;
- ist er oft mehr auf die eigenen (Netzwerk-)Prozesse und nicht auf die eigentliche Projektaufgabe konzentriert.

Teamrolle 7: Der Neuerer („Planter", „kreativer Kopf")

- hat eine starke Vorstellungskraft und ist eine innovative Quelle für das gesamte Projektteam;

- inspiriert sein Umfeld und sorgt für Kreativität, indem er Offensichtliches vermeidet und für neue Einsichten sorgt;
- sucht neue Wege, wenn es stockt.

Andererseits

- hat er die Tendenz, dass seine Ideen und Vorstellungen „mit ihm durchgehen" und kann dadurch den Kontakt zum Team verlieren;
- hat er eine sehr kritische Einstellung zu „konservativen" Leuten, die seine Ideen nicht schätzen, und reagiert dann schnell beleidigt.

Teamrolle 8: Der Spezialist („Analytiker")

- analysiert die Herausforderung fachlich und wägt Ideen kritisch und sorgfältig ab;
- kommuniziert fundiert, seriös und durchdacht; er beantwortet Fragen sorgfältig und sehr konzentriert.

Andererseits

- behält er im Laufe eines „Gefechtes" nur seine Aufgabe im Blick und verliert das Ganze aus den Augen;
- hat er die Tendenz auszusteigen, wenn sein Spezialistentum nicht genug nachgefragt und wertgeschätzt wird.

Selbstverständlich stehen Belbins Teamrollen nicht isoliert nebeneinander, sondern entfalten erst im Zusammenspiel ihre gruppendynamische Wirkung – wie die folgenden Beispiele deutlich machen.

Neuerer brauchen die Perfektionisten und Umsetzer, damit aus Vision Wirklichkeit wird. So gut der Neuerer in der Lage ist, das strahlende Ganze zu beschreiben, so sehr hängt der Erfolg eines Projekts auch von spezifischen und messbaren Zielen ab. Der Neuerer benötigt deshalb das Gegengewicht der Perfektionisten und Umsetzer, die darauf achten, dass dessen grandiose Ideen nicht den Bezug zur Realität verlieren – und das Projekt auch tatsächlich umgesetzt wird.

Weichensteller brauchen die Spezialisten und Perfektionisten, damit die Aufgabe auch zu Ende gebracht wird. Weichensteller sind gut darin, Netzwerke zu schmieden und Themen anzuschieben. Wenn es dann aber an die konkrete Arbeiten geht, ziehen sie sich gerne zurück – und haben schon wieder die nächste Möglichkeit entdeckt, fünf Leute zusammenzubringen, um eine neue spannende Idee auf den

Weg zu bringen. So wichtig diese Rolle der Weichensteller ist, ohne die weitere Ausführung des Themas durch die Spezialisten und Perfektionisten würden keine Ergebnisse erzielt.

Koordinatoren brauchen die Teamarbeiter und Spezialisten, um nicht das Team zu verlieren. Stärke der Koordinatoren ist es, auf einer sehr sachlichen Ebene den Arbeitsprozess zu ordnen, Meetings zu leiten und für effektive Abläufe zu sorgen. Um jedoch Ergebnisse zu erzielen, sind sie darauf angewiesen, dass die Spezialisten ihr Wissen und die Teamarbeiter das Thema Beziehung und Teamgeist einbringen.

Macher brauchen die Teamarbeiter und Perfektionisten, damit alle Ressourcen aktiv am Teamziel arbeiten. Wenn es in unvorhergesehenen Situationen darauf ankommt, schnell zu entscheiden, sind die Macher die geeigneten Leute – und spielen damit für das Fortkommen des Projekts eine enorm wichtige Rolle. Sie sind jedoch darauf angewiesen, dass sich Projektmitarbeiter um die Umsetzung kümmern und konsequent an den Projektzielen arbeiten. Hierfür benötigen sie die Teamarbeiter und Perfektionisten. Diese halten den inneren Kern des Projektteams zusammen, während die Macher eher an Außenfronten kämpfen und dort die notwendigen Entscheidungen durchsetzen oder absichern.

Teamarbeiter brauchen die Umsetzer und Macher, um notwendige Auseinandersetzungen zu führen. Teamarbeiter sind stark darin, die Kommunikation im Team zu verbessern und Reibungsverluste abzubauen. Doch wenn das Projekt vorankommen soll, benötigen sie den Ansporn der Umsetzer und Macher, die am Tun interessiert sind und nach vorne drängen. Teamarbeiter haben die Tendenz, die Dinge zu harmonisieren, sie sind konfliktscheu. Für die im Projekt immer wieder erforderliche Auseinandersetzung um die richtige Lösung benötigen sie die Macher.

Umsetzer brauchen die Neuerer und Weichensteller, damit Chancen nicht verpasst werden. Die Umsetzer neigen dazu, im Status quo zu denken und zu arbeiten: Was machen wir jetzt? Was ist möglich, was ist der nächste Schritt? Ohne die Neuerer und Weichensteller, die den Kontakt nach draußen halten, neue Chancen entdecken und Visionen entwerfen, würden sie in alten Bahnen nicht verlassen und das Projekt letztlich auf dem Status quo verharren.

Perfektionisten brauchen die Teamarbeiter und Koordinatoren, um integriert und gefragt zu bleiben. Einerseits sind Perfektionisten gewissenhaft, vermeiden Fehler und sind damit Garant für optimale Ergebnisse. Andererseits stören sie, weil sie alles ganz genau wissen wollen und ständig kritische Fragen stellen. Mit ihrem Verhalten provozieren sie die Kollegen und laufen Gefahr, vom Team abgestoßen zu werden. Daher sind sie angewiesen auf das Harmoniestreben der Teamarbeiter ebenso wie auf die sachlichen Bemühungen der Koordinatoren, die Situation zu deeskalieren.

Spezialisten brauchen die Neuerer und Koordinatoren, um den Blick zu weiten. Das Projekt benötigt Spezialisten, um durch deren Fachwissen eine Innovation überhaupt erst zu ermöglichen. Naturgemäß blicken die Spezialisten tief in ihr Fachgebiet, tun sich dafür aber schwer, Sinn und Zusammenhang des Ganzen im Auge zu behalten. Um gelegentlich den Blick über den eigenen Tellerrand zu werfen, müssen sie an die Hand genommen werden – eine Rolle, die den Neuerern und Koordinatoren zukommt.

Aufgabe des Projektleiters ist es, die verschiedenen Rollen im Team sichtbar zu machen, in ihrer Ausübung zu koordinieren – und die Gruppendynamik zu nutzen. Mit einem Wort: zu führen! Damit wird deutlich, dass die Funktion „Teamleitung" nicht innerhalb der acht Teamrollen beschrieben ist. Die Bezeichnung der ersten Teamrolle als „Koordinator" oder „Chairman" ist insofern missverständlich. Sie führt zur Annahme, dass damit die Position des Projektleiters gemeint sei. Zu beachten ist jedoch, dass in Belbins Modell Funktion und Position zu trennen sind. Dass der Projektleiter zugleich die Funktion „Koordinator im Team" übernimmt, ist sicherlich sinnvoll, aber keineswegs zwingend. Andere Funktionen wie die des Teamarbeiters oder Weichenstellers sind nicht weniger nützlich für die Position der Teamführung. Lassen Sie sich nicht in die Falle locken, Funktion und Position zu vermischen!

Grundsätzlich geben Belbins Teamrollen einen Einblick in die innere Aufstellung einer Projektgruppe und deren typische Vertreter. Dabei darf natürlich nicht übersehen werden, dass es sich hier um ein Modell handelt, das unterschiedliche Persönlichkeitstypen zeichnet, ohne differenziert genug zu sein, die einzelnen Persönlichkeiten im Projektteam wirklich zu beschreiben. Nutzen Sie deshalb Belbins Teamrollen nicht vorschnell als Konzept, um das Projektteam zu besetzen. Vielmehr kommt es darauf an, dass alle in den Rollen beschriebenen Funktionen im Team vertreten sind. So verstanden, wird das Modell von Belbin ein sinnvolles Arbeitsinstrument, das Unterschiede und Fähigkeiten sichtbar und für die Arbeit nutzbar macht.

5.4 Fazit: Worauf es ankommt

Erfolgreiche Projekt-Kapitäne benötigen weder Motivationstricks, noch müssen sie kurzfristige extrinsische Strohfeuer entfachen. Stattdessen setzen sie auf die innere Motivation ihrer Mitarbeiter. Clever und gelassen nutzen sie hierfür die Mittel, die der Werkzeugkasten des Projektschiffes schon bereithält:

- SMARTe Ziele, die mit allen so besprochen sind, dass sie Sinn stiften.
- Transparente Pläne, die den Zusammenhang zwischen Rädchen und Uhrwerk zeigen.
- Eine Teamentwicklung, die die vorhandene Gruppendynamik nutzt.
- Teamrollen, die so besetzt werden, dass stabile produktive Arbeitsbeziehungen entstehen.

Was heißt das für Sie als Projektleiter? Vor allem eines: Schieben Sie nicht Dienst nach Plan, sondern etablieren Sie eine Koalition der Willigen. Denn Motivation entsteht durch Sinn und Zusammenhang – und nicht durch taggenaue Terminpläne. Dahinter steht die These, dass ein Mitarbeiter grundsätzlich eher intrinsisch motiviert ist und auf das Thema „Sinn" gut ansprechbar ist: Empfindet er eine Aufgabe, die Sie ihm als Projektleiter anbieten, vor dem Hintergrund seiner Ethik und seiner eigenen Themen als sinnvoll? Ist es eine Tätigkeit, in der er sich selbst gerne sähe, vielleicht sogar selbst verwirklichen könnte?

Führen Sie vor Projektbeginn mit jedem Teammitglied ein Vier-Augen-Gespräch, stellen Sie dabei viele Fragen und hören Sie gut zu. Auf diese Weise werden Sie die individuellen Motivatoren und Demotivatoren des Mitarbeiters aufspüren und können feststellen, welches Rädchen im Gesamtgetriebe des Projekts für ihn das richtige ist.

Wenn Sie das Team dann zur Kick-off-Veranstaltung zusammenrufen und die Beteiligten sich zum ersten Mal treffen, geht es im Wesentlichen darum, ihnen Sinn und Zusammenhang aufzuzeigen: Welche Bedeutung hat das Projekt? Und welche Rolle spielen die einzelnen Teammitglieder darin?

Jeder Teammitarbeiter kennt jetzt seine Funktion. Kurzum, die Mannschaft ist an Bord.

Doch eine motivierte Mannschaft an Bord zu holen ist das eine, nun kommt es darauf an, sie auch an Bord zu halten. Das bedeutet vor allem: eine gute, seemännisch gelassene Einstellung zum Thema Gruppendynamik. Denn diese ist wie das Wetter – immer da. Also müssen Sie sich mit ihr arrangieren oder, besser noch, sie sogar für das Projektziel nutzen. Machen Sie sich klar, dass Sie es mit drei Kerndynamiken zu tun haben: Projekte irritieren die Organisation, Projektarbeit ist Netzwerken, und alle Projektbeteiligten haben ständig mit Unsicherheit umzugehen. Als Projektleiter sollten Sie diese drei Phänomene akzeptieren – und die daraus resultierende Dynamik nutzen statt gegen sie anzukämpfen.

Um mit der Gruppendynamik umzugehen und das Projektschiff erfolgreich durch schwierige Gewässer zu steuern, ist es nützlich, auf unterschiedliche Typen und Teamrollen zu achten. Erst ein gutes Zusammenspiel bewirkt eine Teamleistung, die mehr als die Summe der Ergebnisse der Einzelpersonen ist – und damit den Projekterfolg ermöglicht.

Sturm in Sicht – Projekte am Rande des Chaos führen

6

▸ Als Projektleiter stehen Sie vor der Aufgabe, das Unerwartete zu managen. Denn im Projekt sind unvorhergesehene Ereignisse unvermeidlich,
ebenso wie die daraus resultierenden Veränderungen bei Zielen und
Planungen. Änderungen wiederum lösen Widerstände aus. Dieses Kapitel gibt Ihnen Methoden und Instrumente an die Hand, um ein Projekt
dennoch erfolgreich zu führen.

Sturm in Sicht. Die Route ist festgelegt, ebenso der Termin für das Einlaufen im
Zielhafen – alles ist bestens geplant. Doch nun zieht ein Sturm auf. Was tun? Augen
zu und durch? Umkehren? Ins Wasser springen? Damit an Bord nicht das Chaos
ausbricht, braucht es ein strukturiertes Vorgehen. Sicher: Den ursprünglichen Plan
kann der Kapitän nicht mehr einhalten, doch weiß er genau, was jetzt zu tun ist.
Er informiert seinen Reeder, setzt sich mit dem Hafenmanagement in Verbindung,
veranlasst die notwendigen Maßnahmen, um Entladung und Logistik umzudispo-
nieren.

Auch ein Projekt-Kapitän muss mit Unvorhergesehenem rechnen. Auch er benötigt eine solide Planung, die jedoch nicht unumstößlich sein darf. Und genau wie
auf See, wenn ein Sturm zu einer Änderung des Plans zwingt, ist im Projekt bei Änderungen eine strukturierte Vorgehensweise erforderlich. Mit anderen Worten: Es
existiert ein verbindlicher Prozess, der genau regelt, wie in diesen Fällen verfahren
wird.

Der Projektmanager agiert flexibel auf der Grundlage einer soliden Planung.
Dies ist kein Widerspruch. In diesem Kapitel wird von der Kunst, das Projekt am
Rande des Chaos entlangzuführen, die Rede sein. Zunächst werde ich hierfür die
wesentlichen, in der Praxis bewährten Methoden, Instrumente und Regeln vorstel-
len, bevor ich dann auf einen weiteren zentralen Aspekt eingehe: den Umgang mit
Widerständen. Jede Änderung ruft sie hervor – und weil im Projekt Änderungen

O. Hinz, *Der Projekt-Kapitän*, DOI 10.1007/978-3-658-01451-3_6,
© Springer Fachmedien Wiesbaden 2013

unvermeidlich sind, sind auch Widerstände vorprogrammiert. Damit stellt sich die Frage, wie ein guter Projektleiter mit Widerständen umgeht – und diese möglichst für den Projekterfolg nutzt.

6.1   Projektplanung – Solide und doch flexibel

Keine Frage: Termin- und Ressourcenpläne bilden die Grundlage, um ein Projekt erfolgreich zu leiten. Doch dürfen sie nicht zu einer unverrückbaren Realität hochstilisiert werden, denn dann werden vereinbarte Termine zu Ikonen, denen man in Form rein formaler Projektberichte huldigt. Leider ist genau das sehr oft der Fall – mit am Ende verheerenden Folgen für das Projekt.

Deutlich wird das am Beispiel eines großen Konzerns, der seine Prozesse auf eine bekannte Managementsoftware umstellte. In einem sorgfältigen Auswahlverfahren hatte man Angebote und Referenzen eingeholt, um ein realistisches Bild von einem Projekt „Einführung der kaufmännischen Software" zu erhalten. Der vom Vorstand gewünschte Projektplan war mit Pufferzeiten versehen und vom Projektteam insgesamt akzeptiert. Bis zum zweiten Meilenstein lief das Projekt nach Plan – doch dann kam es, wie es kommen musste: Als die ersten „Power user" das Produkt unter die Lupe nahmen, traten Schnittstellenprobleme und Hürden bei der Datenintegration auf.

Eine Anpassung des Projektplans in Zeit und Budget war unumgänglich. Die Projektleitung, selbstbewusst ob des bisherigen Lobes durch den Vorstand, erarbeitete einen veränderten Plan, präsentierte diesen – und kassierte eine Abfuhr. Dieser Plan sei inakzeptabel, eine Verschiebung unvorstellbar. Den Analysten an den Kapitalmärkten habe man bereits den planmäßigen Projektabschluss verkündet, der Endtermin sei fix und einzuhalten. Der Vorstand pochte darauf, dass ein fester Abschlusstermin vereinbart und vom Projektleiter zugesagt worden sei.

Hier offenbart sich eines der größten Missverständnisse, denen man im Projektmanagement landläufig begegnet – nämlich der Glaube: Was geplant ist, hat zu geschehen!

Diese Haltung ist weit verbreitet: Projekte beginnen mit einem detailliert ausgearbeiteten Satz von Anforderungen und Spezifikationen, die in einem sogenannten Lastenheft münden. In einem iterativen Planungsverfahren wird erst grob und dann schrittweise in immer feineren Einheiten (Entwicklung, Kalkulation, Konstruktion, Prototyp, Serieneinführung) geplant. Dieses klassische Vorgehensmodell, das sich im Sprachgebrauch als Wasserfallmodell etabliert hat (Seibert 2007; Schelle et al. 2005, S. 113 ff.), bestimmt immer noch die meisten Kurse über die „Grundlagen des Projektmanagements".

Leider erweisen sich die mit großem Aufwand bei Projektbeginn ermittelten Lasten-, Pflichten- und Spezifikationshefte im Projektverlauf als genauso lückenhaft und unvollständig, wie die darauf aufgebauten Pläne. Komplexität, zunehmende Innovationsgeschwindigkeit und globalisierte Markt- und Wissensdynamik lassen das Wasserfallmodell und seine Nachfolger daher wohl zum Auslaufmodell werden.

Trotzdem: Noch immer wird wie verrückt geplant. Alle Aktionen, Aktivitäten und Termine werden mit hohem Detaillierungsgrad erfasst, wobei oft schon die Software zu einer lückenlosen Planung zwingt. So kommt es vor, dass Projektplaner ein Projekt mit einer Laufzeit von drei Jahren auf halbe Tage genau planen – mithin also meinen sagen zu können, was in 685 Tagen der Fall sein wird. Dabei genügt schon ein wenig Lebenserfahrung, um dies anzuzweifeln: Wer weiß schon, was in 98 oder 686 Tagen sein wird? Es liegt im Wesen eines Projekts, dass sich Ziele im Ablauf ändern, Mitglieder krank werden oder das Team wechseln, Termine sich verschieben, technische Lösungen scheitern, der Markt neue Anforderungen stellt und neue Wege notwendig werden. Damit der Umgang mit unvorhergesehenen Ereignissen nicht in ein Projektchaos führt, müssen Projektleiter mit der Planung sinnvoll umgehen.

Zusammengefasst: Projekte erfolgreich zu führen bedeutet Prozessmanagement am Rande des Chaos. Starre und allzu detaillierte Pläne können da wenig ausrichten. Notwendig ist vielmehr zweierlei. Erstens benötigt der Projektleiter eine solide Planung, die realistisch und mit den Stakeholdern abgesichert ist (vgl. Kap. 3 und 5) – und zweitens einen Prozess der Projektrealisierung, der auf dieser Planung zwar aufbaut, aber für notwendige Änderungen offen ist.

Pläne sind dazu da, eine Orientierung zu geben, dürfen aber nicht heilig sein. Die Strukturiertheit im Projekt, also die Tatsache, dass es einen Plan gibt und dass für den Fall einer Änderung ein verbindlicher Prozess existiert – diese Strukturiertheit ist dagegen sehr wohl heilig.

6.2 Prozessmanagement: Führen am Rande des Chaos

Die Kritik an starren und detaillierten Plänen heißt nicht, dass der Projektleiter ohne Pläne auskommt. Im Gegenteil: Ein unvorhergesehenes Ereignis können Sie nur managen, wenn Sie:

1. den aktuellen Stand kennen,
2. ein Ziel festgelegt haben und
3. auf der Grundlage von Punkt 1 und Punkt 2 beurteilen können, welche Konsequenzen die notwendige Änderung hat.

Eine Planung ist also notwendig, um eine Änderung im Kontext zu beurteilen und nicht der Beliebigkeit anheimfallen zu lassen. Ein Kapitän kann die Steuerung und den Betrieb seines Schiffes nicht dem freien Spiel der Kräfte überlassen, denn sonst droht Unordnung und – wenn die Mannschaft emotional aufgeladen ist – vielleicht sogar Anarchie. Ein erfahrener Seefahrer wird sein Projektschiff deshalb immer genau in der Mitte der Fahrrinne zwischen unverrückbaren Plänen und kontextloser Beliebigkeit halten. Genau das ist Projektmanagement: die Führung eines Prozesses, der die Zusammenarbeit im Projekt immer in der Fahrrinne zwischen Planwirtschaft und Chaos hält.

Doch wie können Sie als Projektleiter nun diesen nicht ungefährlichen Kurs halten? In einem Satz: Sie benötigen jene Strukturiertheit, nach der auch ein Kapitän bei aufziehendem Sturm handelt. Auf das Projektmanagement bezogen sind hierfür sechs Zutaten erforderlich (Schelle et al. 2005; PMI 2004):

1. Der Projektprozess beginnt und endet beim Auftraggeber.
2. Das Projekt vollzieht sich in Phasen, deren Anfang und Ende durch Meilensteine markiert sind.
3. Der Projektauftrag wird in Teile und Pakete gegliedert.
4. Die Risiken werden im Blick behalten.
5. Änderungen (Change Requests) werden strukturiert bearbeitet.
6. Das Projekt wird sichtbar beendet.

Achten Sie darauf, keine Zutat zu vergessen. Alle sechs sind erforderlich, wenn das Projekt das Ziel erreichen soll. Es ist wie bei einem guten Teig: Fehlt eine Zutat, geht der Kuchen nicht auf.

6.2.1   Zutat 1: Der Projektprozess beginnt und endet beim Auftraggeber

Wie in Kap. 3 ausgeführt, ist der Auftraggeber die Macht- und Einflussinstanz, ohne die kein Projekt beginnen sollte. Wenn Sie als Projektleiter Entscheidungen treffen, sollten Sie deshalb die Rolle des Auftraggebers bedenken und nicht als „Alleskönner" (vgl. Kap. 1) diese Funktion gleich mit übernehmen. Ihre Aufgabe als Projektleiter ist es, durch gute Auftragsklärung (vgl. Kap. 3) und effektive Kommunikationsarchitektur (vgl. Kap. 4) dafür zu sorgen, dass der Auftraggeber von Anfang an in die Projektarbeit integriert ist. Kommt es im Projektverlauf zu Änderungen, besprechen Sie diese mit dem Auftraggeber und entscheiden darüber im Rahmen eines vereinbarten Prozesses (siehe Zutat 5).

So ist jederzeit sichergestellt, dass das Projektschiff nicht wie ein Geisterschiff mit unbekannter Route durch die Gewässer kreuzt – oder andere Seefahrer zu hektischen Ausweichbewegungen zwingt, weil es unvermittelt aus dem Nebel auftaucht.

6.2.2 Zutat 2: Das Projekt vollzieht sich in Phasen, deren Anfang und Ende durch Meilensteine markiert sind

Die Gliederung eines Projekts in Phasen sichert den Überblick über die wesentlichen Teilschritte im Projekt. Anfang und Ende der Phasen werden durch Meilensteine markiert, die von Beginn an deutlich machen, wo im Projektverlauf die Weichen gestellt werden und auf jeden Fall der Auftraggeber beteiligt werden muss. Abbildung 6.1 zeigt ein solches Phasenmodell, das sich in der Praxis gut bewährt hat.

Es fällt auf, dass in diesem Modell die Auftragsklärung eine eigene Phase ist, die mit dem Meilenstein „Projektauftrag" abschließt, und erst dann als zweiter Meilenstein der Projektstart folgt. Darin spiegelt sich zum einen die Bedeutung einer guten Auftragsklärung (wie in Kap. 3 beschrieben) auch formal wider, zum anderen wird der Tatsache Rechnung getragen, dass eine wesentliche Leistung des Projektmanagers bereits vor dem Kick-off stattgefunden hat.

Dass der Meilenstein „Projektstart" nach der Aufgaben- und Terminplanung folgt, legt die Aufmerksamkeit noch einmal auf die Bedeutung eines motivierenden Projekt-Kick-offs: Hier stellt der Projektleiter die Projektplanung vor, die dem Grundprinzip „Sinn und Zusammenhang" folgt (vgl. Kap. 5). Die in der Abbildung genannte Phase der Aufgaben- und Terminplanung darf nicht dahingehend missverstanden werden, dass der Projektleiter jetzt schon einen detaillierten Projektstruktur- und Terminplan erarbeitet hat. Für die Diskussion mit dem Auftraggeber genügt eine erste grobe Planung. Zum Projektstart muss er dann allerdings auch die einzelnen Arbeitspakete beschrieben haben, damit im Kick-off-Meeting alle Teammitglieder erkennen können, welche Rolle sie im Projekt spielen, welchen Platz sie einnehmen, d. h., welches Rädchen im Uhrwerk sie verkörpern (vgl. Kap. 5).

Die Phase „Leistungserstellung" entstammt im Falle der Abbildung aus dem Bereich Engineering und gilt für eine Produktentwicklung. Bei einem Organisations-, Investitions- oder IT-Projekt ergäben sich natürlich andere Phasen und Meilensteine. Wichtig ist jedoch, dass am Ende der Leistungserstellung das Projekt nicht einfach ausläuft, sondern nun noch eine eigene Projektphase „Dokumentation und Wissensmanagement" folgt, also noch die sogenannte Lessons-learned-Schleife

Abb. 6.1 Phasenmodell am Beispiel eines Engineering-Projekts

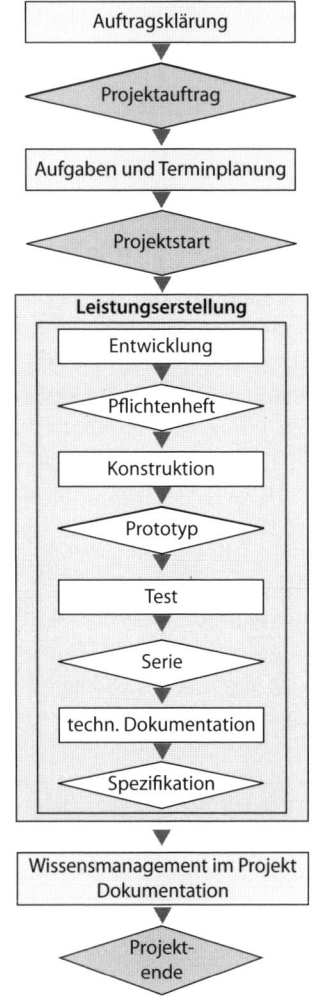

folgt![1] Das Projekt endet dann mit einem eigenen Meilenstein „Projektende". So wird verhindert, dass Projekte endlos weiterlaufen oder sich einfach ausschleichen.

---

[1] Einen Einstieg ins Thema „Lernen im Projekt" finden Sie bei Wald (2008) und im Aufsatz „Führung im Projekt" (Hinz 2008).

6.2.2.1 Die Meilensteine – Ereignisse besonderer Bedeutung

Ein Meilenstein beschreibt die Fertigstellung eines wichtigen Teilergebnisses – und ist damit ein „Ereignis besonderer Bedeutung" (nach DIN 69900). Zu jedem Meilenstein gehören: ein geplantes Projektergebnis (Meilensteininhalt) und ein Termin (Meilensteintermin). Erfahrene Projektlenker formulieren Meilensteine als SMARTes Ziel (vgl. Kap. 5), über dessen Erreichen dann in einer Meilensteinsitzung mit dem Auftraggeber entschieden wird. Die SMARTe Formulierung ermöglicht es, zu prüfen, ob das angestrebte Ergebnis wirklich vorliegt oder ob noch Nacharbeiten notwendig sind, bevor das Projekt in die nächste Phase eintreten kann.

Klar definierte Meilensteine ermöglichen es, die Komplexität überschaubar zu gestalten, indem das Projekt an bestimmten Punkten durchleuchtet wird. Meilensteine vermitteln dem Auftraggeber, dem Projektumfeld und dem Teil des Projektteams, der in der aktuellen Projektphase nicht direkt am Projektgeschehen beteiligt ist, einen Überblick über den aktuellen Stand des Projekts. Alle Projektbeteiligten können sich orientieren, und der Auftraggeber kann den Projektfortschritt überwachen. Meilensteine sind Zeitpunkte für Reflexion und Weichenstellung!

Der Zeitraum kurz vor oder nach Meilensteinterminen bietet dem Projektleiter zudem die Gelegenheit, seine Kommunikationspolitik zu überprüfen, indem er die Taktikmatrix (vgl. Kap. 3) und Einflussmatrix (vgl. Kap. 4) mit frischen Inhalten versorgt. Selbstverständlich gibt es ein Meilensteinprotokoll, das alle Erkenntnisse und Verabredungen dokumentiert. Diese Dokumentation bildet eine gute Grundlage, um einen Zwischenbericht an das Projektumfeld zu erstellen.

Nicht zuletzt dient das Innehalten des Projektteams an Meilensteinterminen der Reflexion: Wie ist die bisherige Sach- und Zusammenarbeit gelaufen? Gibt es Fehler und Irrtümer, aus denen man lernen kann? Welche Erfolge können wir feiern?

Bevor der Projektleiter zur Meilensteinsitzung einlädt, überprüft er, wer beim derzeitigen Projektstand benötigt wird und deshalb teilnehmen sollte. Hier gelten die schon beschriebenen Regeln für effektive Teambesprechungen (vgl. Kap. 4).

Bei einer Meilensteinsitzung gibt der Projektleiter eine strukturierte Rückschau auf den bisherigen Verlauf der Arbeit. Um die Sitzung vorzubereiten, kann er sich an folgenden Leitfragen orientieren:

- Welche Erfolge können wir vorweisen? Wie werden wir diese feiern und „verkaufen"?
- Wurden die geplanten Ziele erreicht?
- Wurden die Termine eingehalten?
- Wurde der Kostenrahmen eingehalten?
- Waren die personellen Ressourcen angemessen?
- Haben sich die gewählten Strategien bewährt?

- Macht es Sinn, das Projekt weiterzuführen? (Oder sollte es abgebrochen werden?)
- Wie ist die Stimmung im Projektteam?
- Welche Rückmeldungen (positive und negative) gab es von wem?
- Wo gab es Konflikte und Widerstände? Wodurch sind sie entstanden?
- Wie werden die projektinternen Prozesse beurteilt? (Kommunikation, Information, Dokumentation etc.)
- Müssen (Zwischen-)Ziele und/oder Prioritäten angepasst werden?
- Werden weitere Ressourcen benötigt?
- Welche Risiken und Unsicherheiten sind aufgetreten bzw. werden erwartet?

6.2.2.2 Meilensteintermine und Klabautermann-Diskussionen

Ein häufiges Problem – besonders innerhalb von länger laufenden Projekten – ist eine starre Terminierung der Meilensteine. Häufig werden die Termine bereits in der Phase der Auftragsklärung festgesetzt und sind später kaum noch veränderbar. Denn sie stehen dann im gedrängten Kalender des Auftraggebers – und sind damit wie in Stein gemeißelt.

Nun entwickeln sich die Dinge im Projektverlauf häufig anders als man es erwartet hat – manchmal auch in einem solchen Ausmaß, dass ein geplanter Meilensteintermin eigentlich verschoben werden müsste.

Wenn dies aber nicht möglich ist, degeneriert die Sitzung zur „Klabautermann-Diskussion": Die Beteiligten reden dann vom Meilensteininhalt wie eine Schiffsbesatzung von einem Klabautermann. Einige behaupten, schon einmal einen gesehen zu haben, manche halten dessen Existenz für möglich, während andere zu Recht anmerken, dass sie ihn noch nie gesehen haben. Eine an sich unfruchtbare Diskussion, die aber wunderbar die Zeit vertreibt!

Und genau dieser unproduktive Zeitvertreib passiert dann auch bei Meilensteindiskussionen, die allein deshalb stattfinden, weil der Termin einmal vor Urzeiten vereinbart worden ist. Ein Inhalt, der eigentlich zum Meilenstein präsentiert werden sollte, liegt aber nicht vor. Es wird dann häufig von einer Sache geredet:

- von welcher der Projektleiter sich erhofft und anderen verspricht, dass sie in Kürze eintritt;
- von welcher der Auftraggeber erwartet, dass sie eigentlich schon längst vorliegt, und von der die Spezialisten im Projektteam befürchten, dass sie sie unter den gegebenen Rahmenbedingungen nicht schaffen werden.

Dass solche Diskussionen nicht sachgerecht und eigentlich Zeitverschwendung sind, liegt auf der Hand. Sie dienen eher dem Austausch von Seemannsgarn[2] oder

---

[2] Seemannsgarn sind Erzählungen der Seeleute über deren angebliche Erlebnisse.

gegenseitigen Schuldzuweisungen als einer produktiven Arbeit. Meilensteintermine sollten sich nach dem tatsächlichen Projektfortschritt und nicht nach dem Terminkalender richten. Nur dann erfüllen sie ihre Funktion als Weichenstellung und Zeitpunkt für Reflexion.

Erfahrene Seebären bemerken es, wenn der Klabautermann sich ankündigt – und steuern seinem Versuch, Zeitverschwendung in das Projekt zu tragen, mit klarer Kommunikation entgegen. Sie informieren den Reeder rechtzeitig, wenn absehbar ist, dass das Schiff den Hafen später anlaufen wird. Dadurch vermeiden sie, dass der Reeder am lange vorher verabredeten Termin ungeduldig auf die Nachricht vom Einlaufen wartet. So funktioniert professionelles Seemannshandwerk.

6.2.3 Zutat 3: Der Projektauftrag wird in Teile und Pakete gegliedert

Projektaufträge sind üblicherweise komplex und nur im Zusammenspiel mehrerer Organisationseinheiten oder Fachdisziplinen zu bearbeiten. Die daraus entstehende Komplexität des Projekts kann als Ganzes kaum gemanagt, sondern muss durch eine Untergliederung in Teilschritte bearbeitbar gemacht werden. Diese Aufspaltung des Projektauftrages in verdaubare Häppchen ist eine der vornehmsten Aufgaben des Projektleiters. Was ist also zu tun?

Verschaffen Sie sich zunächst einen Überblick über das gesamte Projekt. Hierfür geeignet ist beispielsweise der Ansatz von PRINCE. Hier sind die Themen definiert, die Sie als Projektmanager im Blick haben müssen (Harpham und Williams 2006; OCG 2008):

- Vorbereiten eines Projekts
- Lenken eines Projekts
- Initiieren eines Projekts
- Planung eines Projekts
- Managen der Zielerreichung
- Steuern einer Projektphase
- Managen der Phasenübergänge
- Abschließen eines Projekts

Das Aufgliedern des Projektauftrags in Arbeitspakete betrifft die Prozessabschnitte 3 und 4 des PRINCE-Modells – nämlich die Phasen der Initiierung des Projekts und der Planung. Nun stellt sich die Frage, wie Sie vorgehen sollen, um die Arbeitspakete zu schnüren. Hierfür gibt es drei grundsätzliche Modelle, die im

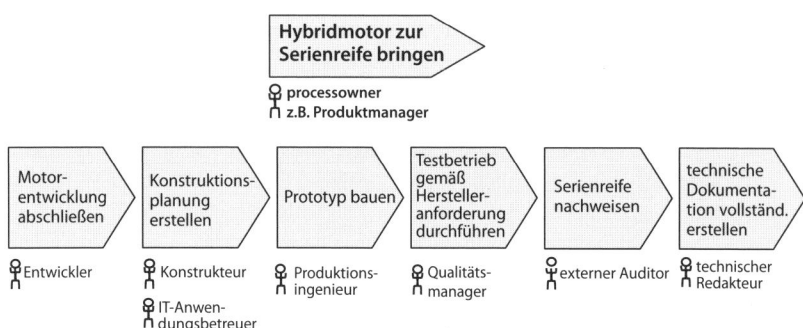

Abb. 6.2 Prozessarchitektur am Beispiel eines Engineering-Projekts

Folgenden kurz vorgestellt werden: der Projektstrukturplan, die Prozessarchitektur und das agile Projektmanagement.

Modell 1: Projektstrukturplan Traditionell wird in der Phase 4 ein hierarchisches Organisationsmodell genutzt. Hierbei wird ein Projektstrukturplan (work breakdown structure) erstellt, der den Zielerreichungsprozess in Teilprojekte und Arbeitspakete gliedert. Die Struktur ist hierarchisch von oben nach unten in Teilprojekte und Arbeitspakete gegliedert.

Das hierarchische Vorgehen bietet die Möglichkeit, die bestehende Aufbauorganisation des Unternehmens spiegelbildlich abzubilden. Das hat den Vorteil, dass die aus den Fachabteilungen kommenden Spezialisten sich leichter zurechtfinden und die Arbeitspakete fachlich abgegrenzt sind. Doch führen eben diese Abgrenzungen dann auch zu Reibungsverlusten und Schnittstellendiskussionen, wenn die Teilergebnisse „unter enger fachlicher Brille" erstellt sind und nachher mühevoll integriert werden müssen.

Modell 2: Prozessarchitektur Um das Schnittstellenproblem des hierarchischen Modells zu vermeiden, lösen seit einiger Zeit prozessorientierte Vorgehensweisen immer mehr den Projektstrukturplan ab. Hierbei wird der Projektauftrag entlang des Entstehungsprozesses untergliedert, so dass die Arbeit durchgängig auf das Projektziel hin organisiert werden kann (Grasl et al. 2004).

Abbildung 6.2 zeigt eine solche Prozessarchitektur am Beispiel des bereits oben verwendeten Engineering-Prozesses.

Auch sprachlich ändert sich dann einiges. Das Projekt „Hybridmotor zur Serienreife bringen" wird jetzt durch einen „Process-Owner" verantwortet. Er führt den

Prozess, sorgt für die Spezifikation der Abläufe (die im Projektstrukturplan Arbeitspakete wären) und synchronisiert die Ergebnisse. Die sechs Teilprozesse werden von „Process-Drivern" verantwortet.

Modell 3: Agiles Projektmanagement Auch die Prozessarchitektur ist letztlich ein hierarchisches Modell: Das Projekt wird von einem Process-Owner und – in der Stufe darunter – von Process-Drivern geführt. Wie der Projektstrukturplan plant auch die Prozessarchitektur lange im Voraus. Demgegenüber hat sich in den letzten Jahren im IT-Bereich ein Modell herauskristallisiert, das sich von diesen plangetriebenen Modellen deutlich abhebt: das agile Projektmanagement (Seibert 2007; Gernert 2003).

Es handelt sich hierbei ebenfalls um ein prozessorientiertes Modell, jedoch mit einem wesentlichen Unterschied zum Modell der Prozessarchitektur: Das agile Modell plant immer nur den nächsten Schritt detailliert; was dann folgt, wird nur grob abgeschätzt. So entsteht ein sehr pragmatisches Projektmanagement, das sich jeweils der Situation anpasst und sich auf das Wesentliche konzentriert. Diese Vorgehensweise ermöglicht einerseits eine hohe Kundenzufriedenheit durch flexible Lösungen, andererseits gewährleistet sie ein motiviertes, ohne von starren Plänen gegängeltes Projektteam.

Das agile Projektmanagement lehnt Planung nicht grundsätzlich ab, gestaltet sie aber wesentlich grober. Der Ressourcenaufwand wird zum Projektstart nur geschätzt und dann jeweils für die unmittelbar folgende Projektphase genauer spezifiziert. Anstatt mit einer Projektmanagementsoftware kommunizieren die Projektteammitglieder über Wikis[3] und Chats, anstatt Arbeitspaketbeschreibungen und Risikomanagementpläne abzuarbeiten, entscheiden sie gemeinsam in Teammeetings über die Vorgehensweise der nächsten Tage oder Wochen.

Dieser pragmatische, sehr schlanke und flexible Planungsprozess wird allerdings durch einige Nachteile erkauft. Vor allem sind die Kosten von agil geführten Projekten im Vorwege kaum abschätzbar, eine verlässliche Preiskalkulation daher nicht möglich. Anstelle eines Festpreises muss mit dem Auftraggeber ein flexibles Verhandlungsmodell gefunden werden. Auch dürfte das stark netzwerkorientierte Kommunikationsverhalten in agilen Projekten eher für kleinere Projekte mit kürzerer Laufzeit sprechen, denn andernfalls steigt der Dokumentationsbedarf sprunghaft an.

Grundsätzlich halte ich alle drei vorgestellten Wege der Komplexitätsreduktion für sinnvoll. Aus meiner Sicht kommt es für Projektmanager zunächst einmal

---

[3] Wikis ermöglichen es verschiedenen Autoren, gemeinschaftlich an Texten zu arbeiten. Ein Wiki ist ein Hypertext-System, dessen Inhalte von den Benutzern nicht nur gelesen, sondern auch online geändert werden können.

darauf an, den Projektauftrag überhaupt in essbare Häppchen zu zerlegen. In hierar-
chiegeprägten Organisationen empfiehlt sich der klassische Weg über den Projektstrukturplan, um die Irritation im Unternehmen (vgl. Kap. 3, Mikropolitik) durch
das Projekt möglichst gering zu halten. Dementsprechend sollten Unternehmen,
die nach Geschäftsprozessen organisiert sind, den Weg über eine Prozessarchitektur wählen.

Und die agile Methode? Nach meiner Einschätzung wird sie weiter an Bedeutung
gewinnen. Ich sehe die Grundhaltung der agilen Methodik als zukunftweisend an.
Diese Haltung lässt sich anhand von fünf Merkmalen beschreiben (Gernert 2003,
S. 24): Das agile Projektmanagement:

• zieht dem perfekten Management ein motiviertes, sachkundiges Team vor;
• gibt Eigenverantwortlichkeit den Vorzug vor Vorgaben durch detaillierte Pläne;
• gewichtet die aktive Kommunikation zum Auftraggeber und im Projektteam höher als ein formalisiertes Berichtswesen;
• hält kontinuierliche Anpassungen an veränderte Situationen für wichtiger als
  Planvorgaben und
• arbeitet mit wenigen, klaren Regeln anstatt mit umfangreichen Vorgehensmodel-
  len und Prozesshandbüchern.

Um das Projektschiff in einer globalisierten Welt, in der die Zusammenhänge immer komplexer werden und der Bedarf an Informationsverarbeitung immer
größer wird, auf Kurs zu halten, erscheint mir diese pragmatische und flexible Einstellung am ehesten geeignet. Sie beschreibt echte seemännische Gelassenheit für
ein Management unter Risiko. Das ist genau die Haltung, die ein Projekt-Kapitän
benötigt, der sein Schiff immer genau in der Fahrrinne zwischen Planwirtschaft und
Chaos halten möchte.

6.2.4   Zutat 4: Die Risiken im Blick behalten

Es liegt in der Natur eines Projekts, dass es höhere Risiken birgt als das Alltagsge-
schäft – denn Projekte befassen sich ja per Definition mit Neuem und Unbekanntem. Ein professionell aufgelegtes Projekt benötigt daher ein Risikomanagement,
das sich vorausschauend mit den potenziellen Risiken beschäftigt und in der Lage
ist, auf unvorhergesehene Ereignisse zu reagieren.

Erfahrene Projekt-Kapitäne legen den Baustein für das Risikomanagement bereits vor dem eigentlichen Projektstart: Sie schätzen die Risiken schon während der
Auftragsklärung ab und vereinbaren mit ihrem Auftraggeber ein Frühwarnsystem,

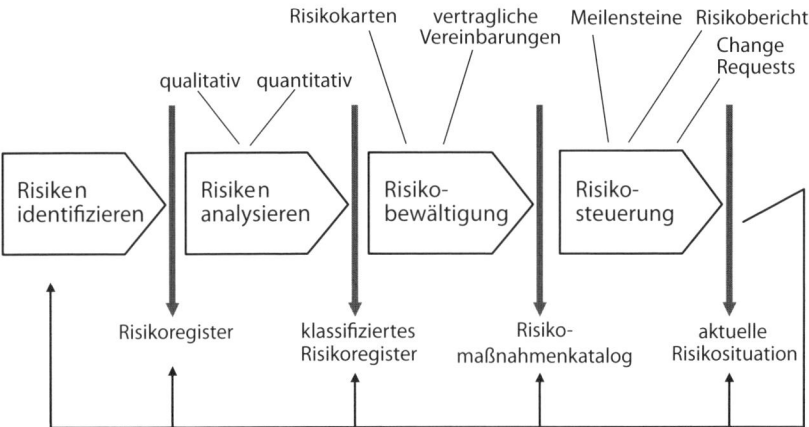

Abb. 6.3 Der Risikomanagementprozess

das im Projektauftrag fixiert wird (vgl. Kap. 3). Zudem pflegen sie ein Kommunikationsverhalten, das immer „das Ohr auf der Schiene hat" (vgl. Kap. 4) und Kontakte
ins Umfeld des Projekts hält, um Risiken frühzeitig auszumachen.

Abbildung 6.3 zeigt einen Risikomanagement-Prozess, der sich in der Projekt-
praxis bewährt hat.

Der Prozess startet mit dem Identifizieren der Risiken und dem Anlegen eines Risikoregisters, geht weiter über die Analyse der Risiken zur Risikobewältigung
bis zur Risikosteuerung (ausführlich dazu PMI 2004 und Wanner 2007). Aus meiner Sicht kommt es bei diesem Prozess auf einen Punkt ganz besonders an: die
Ökonomie des Risikomanagements. In der Phase der Risikoanalyse neigen viele
Projektmanager dazu, übervorsichtig zu sein und ein sehr umfangreiches Risiko-
register anzulegen. Dies mag dann nahezu vollständig sein, impliziert jedoch einen
erheblichen Aufwand in der anschließenden Phase der Risikobewältigung.

Überlegen Sie deshalb sorgfältig, welche Risiken für das Projekt relevant sind,
also in das Register aufgenommen und dem gesamten Risikomanagement-Prozess
unterworfen werden sollen. Mit anderen Worten: Als Projektleiter müssen Sie das
Risiko eingehen, bestimmte Risiken nicht mit in das Risikomanagementsystem auf-
zunehmen. Welche Risiken man im konkreten Fall in das Register aufnimmt, hängt
vom jeweiligen Projektkontext ab. Angenommen Sie waren im Jahr 2007 Projektleiter für ein großes Bauprojekt, das über eine internationale Großbank finanziert
werden sollte. Die Wahrscheinlichkeit, dass der Finanzier pleitegeht, hätten Sie vermutlich nahe Null bewertet – und gar nicht daran gedacht, hierfür eine Risikokar-

te anzulegen und zu pflegen. Nur ein Jahr später, nach Ausbruch der weltweiten Finanzkrise, wäre der mögliche Ausfall des Immobilienfinanzierers vielleicht Ihr größtes Risiko gewesen.

Es gibt keine Faustregel, welche und wie viele Risiken Sie einem Monitoring unterwerfen. Achten Sie jedoch immer auf zwei Komponenten: die Eintrittswahrscheinlichkeit und das Ausmaß des Schadens. Denn ein Risiko ist wie folgt definiert: Wahrscheinlichkeit des Eintretens multipliziert mit der Wahrscheinlichkeit, dass dem Projektziel erheblicher Schaden zugefügt wird. Wenn also im Falle des Immobilienprojekts die Bank vom Markt geht, ist das Projekt praktisch nicht mehr durchführbar – also werden Sie das Schadensausmaß sehr hoch, zum Beispiel mit 90 % bewerten. Dass die Bank pleitegeht, galt 2007 als höchst unwahrscheinlich, eine Bewertung von 5 % erschien damals als angemessen. Hieraus ergab sich eine Wahrscheinlichkeit von 0,9 mal 0,05, also 4,5 %. Kein Grund also, eine Risikokarte anzulegen! Im Jahr darauf ergäbe sich ein ganz anderes Bild: Angesichts der Finanzkrise bewerten Sie die Ausfallwahrscheinlichkeit des Finanziers zum Beispiel mit 80 % – woraus sich ein Risiko von $0,9 \times 0,8 = 0,72$, also 72 % ergibt. Damit ist klar, dass Sie sofort eine Risikokarte für das Monitoring dieses Risikos anlegen werden.

Bleibt festzuhalten: Der Schlüssel für ein erfolgreiches Risikomanagement im Projekt liegt in der Auswahl der Risiken, die betrachtet werden – und nicht in der Toolbox, mit der diese Risiken hinterher gesteuert werden.

Viele Entscheidungen, die auf den Projektleiter im Projektverlauf zukommen, sind aber keine Risiken, sondern einfach nur Führungsentscheidungen. Sie gehören nicht in die Risikomanagement-Toolbox – sie unterliegen allein seiner Verantwortung.

6.2.5   Zutat 5: Änderungen („Change Requests") werden strukturiert bearbeitet

Nur selten laufen Projekte wie geplant, fast immer werden wesentliche Änderungen an Zieldefinition, Ressourcen- und Terminplan erforderlich. Wenn aber Änderungen an den Projektparametern normal und zu erwarten sind, sollte ein Projektleiter seine Energie darauf verwenden, die unvermeidlichen Änderungen in einem verbindlichen Prozess zu steuern. Damit kein Missverständnis entsteht: Mit „steuern" sind nicht einfach Maßnahmen gemeint, um das Projekt wieder auf die alte Spur zu bringen, sondern es geht um einen integrierten Change-Request-Prozess. Dieser stellt sicher, dass jede Änderung dokumentiert, entschieden und dann gegebenenfalls in die Planung eingepflegt wird (PMI 2004, S. 96 ff.; Schelle et al. 2005, S. 231 ff.).

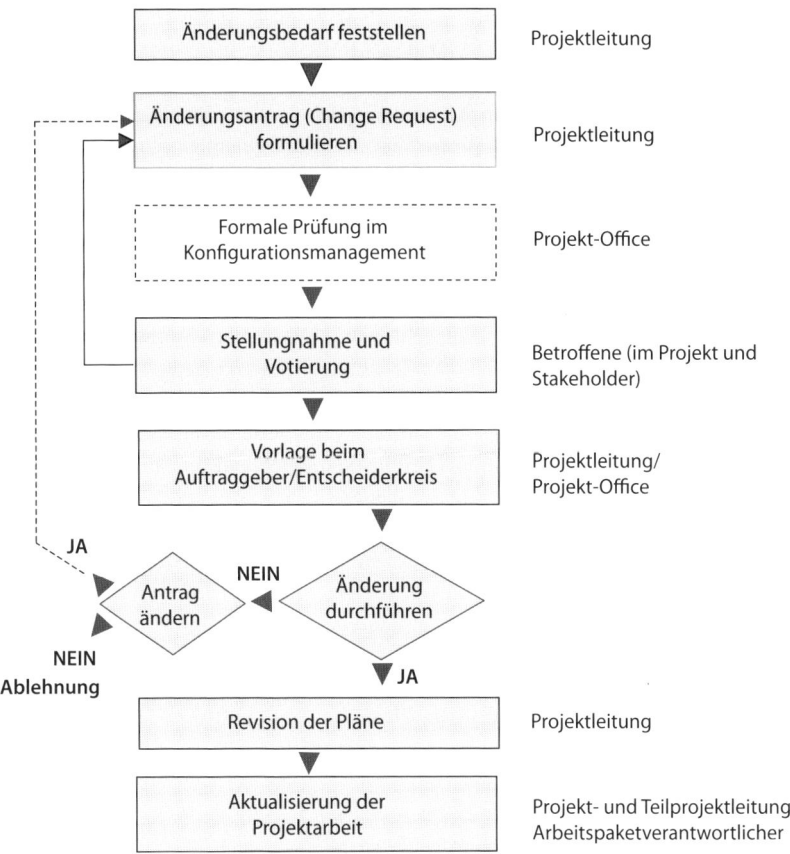

Abb. 6.4 Prozess des integrierten Änderungsmanagements

Wie die Abb. 6.4 zeigt, läuft der Change-Request-Prozess in sieben Schritten ab. Der Prozess liegt dabei in der Hand des Projektmanagers.

Im ersten Schritt wird festgestellt, dass es einen Änderungsbedarf gibt. Sobald der Projekt-Kapitän bei einem „Walking around" oder einer Besprechung mit seinem Projektteam feststellt, dass eine Änderung am Projektfahrplan notwendig wird, eruiert er die alternativen Vorgehensweisen mit den Beteiligten. Dabei greift er je nach Größe und Bedeutung des Change Request auf Methoden und Verhaltensweisen zurück, die bereits während der Auftragsklärung und Planung des Projekts (vgl. Kap. 3 und 4) hilfreich waren. Ein Beispiel: Der Projektleiter wird sicher keine neue Umfeldanalyse betreiben, wenn ein Lieferant „nur" seinen Termin nicht halten kann. Wenn sich dagegen im Teilprojekt „Konstruktion" andeutet, dass das gesamte Produktdesign nicht wie geplant ausgelegt werden kann, wird er eine absichtsvolle Vorfeld-Kommunikation mit Hilfe der Taktikmatrix beginnen.

Hat der Projektleiter die notwendigen Informationen gesammelt und sich eine erste Änderungsstrategie überlegt, formuliert er im zweiten Schritt einen Änderungsantrag, den Change Request, den er meist auf einem Formblatt schriftlich vorlegt.

Schritt drei ist dann die formale Prüfung dieses Antrages im Konfigurationsmanagement, das in der Regel im zentralen Projekt-Office der Organisation verankert ist. Hier wird überprüft, welche anderen Projekte und/oder Organisationseinheiten im Hause von diesem Änderungsantrag betroffen sind – denn es ist durchaus möglich, dass ein anderes Projekt dieselben Lieferanten oder dieselben personellen Ressourcen – etwa in der Konstruktion – nutzt. Außerdem prüft das Konfigurationsmanagement, wie sich die zentralen Steuerungsparameter (Termin, Budget, Qualität) verändern würden. Sofern in einem Unternehmen ein solches zentrales Konfigurationsmanagement nicht existiert, ist es Aufgabe des Projektleiters, so gut wie möglich diese Informationen zu ermitteln.

In Schritt vier folgen dann die Stellungnahmen und schriftlichen Votierungen zum Change Request durch die betroffenen Organisationseinheiten oder Personen. Es kann sich hier um Arbeitspaket-Verantwortliche handeln, die aufgrund des Terminverzuges auch ihre Termine verschieben müssen, oder um Entwickler, die die konstruktiven Probleme fachlich beurteilen. Natürlich muss auch das Umfeld einbezogen werden, wenn zum Beispiel die Einkaufsabteilung Stellung nehmen soll, wie die Reaktion eines Lieferanten einzuschätzen ist. Oft entsteht in dieser Phase ein iterativer Prozess, in dem der Projektleiter die Anmerkungen direkt in seinen Änderungsantrag einpflegt und diesen verbesserten Change Request dann wieder zur Votierung stellt.

Wenn alle Voten vorliegen, fasst der Projektleiter oder das Projekt-Office die Voten und den Änderungsantrag aus Schritt zwei zu einer Entscheidungsvorlage beim Auftraggeber zusammen. In Schritt fünf entscheidet der Auftraggeber, die Änderung durchzuführen oder zu verwerfen – oder er gibt den Antrag an die Projektleitung zurück, um neue Vorgaben einzupflegen.

Ist der Änderungsantrag beschlossen, revidiert der Projektleiter in Schritt sechs die Projektunterlagen (Ziele, Budget, Termin, Ressourcen, Qualität). In Schritt sieben schließlich werden die betroffenen Tätigkeiten durch die jeweiligen Process Driver, Teilprojektleiter oder Arbeitspaketverantwortlichen neu kalibriert.

Es mag vielleicht überraschen, dass ich an dieser Stelle für einen so formalen Prozess plädiere. Doch gerade weil die Umwelt sich ständig verändert und Projektpläne immer wieder angepasst werden müssen, empfehle ich einen stabilen Prozess, damit das Chaos „draußen" bleibt. Ein weiterer Vorteil dieses Änderungsprozesses ist es, dass durch gute Dokumentation eine Change-Historie etabliert werden kann. Nur so kann der Projektleiter den Überblick darüber behalten, wie er auf veränderte Bedingungen reagiert hat, und kann später noch nachvollziehen, welche Gründe zu diesen Entscheidungen geführt haben. Diese Dokumentation ist auch eine sehr gute Stütze für sein Erfahrungslernen.

Mit der Einführung eines verbindlichen Prozesses zum Änderungsmanagement werden mehrere Ziele verfolgt:

- Es wird eine evolutionäre Methode etabliert, um Änderungen in Projekten zu identifizieren, mit den Betroffenen gemeinsam zu beurteilen und dann denen vorzulegen, die darüber zu entscheiden haben.
- Es wird ein transparenter Prozess aufgesetzt, in dem Auftraggeber und Stakeholder „sauber" in ihren Rollen und vor allem in ihrer Verantwortung eingebunden sind.
- Es wird die Voraussetzung geschaffen, um als Organisation zu lernen, indem die Daten im Konfigurationsmanagement über alle Projekte hinweg verdichtet werden.

6.2.6   Zutat 6: Das Projekt wird sichtbar beendet

Es klingt selbstverständlich, dass ein Projekt einen Anfang und ein Ende hat. Tatsächlich kommt es aber oft vor, dass sich Projekte „ausschleichen", irgendwie verschwinden oder totlaufen, ohne dass ein klares Ende formuliert wird. Dabei liegt es nahe, ein Projekt offiziell abzuschließen. Denn nur dann:

- sind alle notwendigen Prüfungen, Audits und Abnahmen erfolgt;
- hat der Auftraggeber zugestimmt, dass der Projektauftrag abgearbeitet ist und er hat Projektmanager und Projektteam von der Verantwortung entbunden;
- kann ein vollständiger Projektbericht erstellt werden, der auch das Projektumfeld über die Ergebnisse und die gemachten Erfahrungen informiert;
- ist die Voraussetzung geschaffen, das Projektergebnis an externe oder interne Kunden, an eine Fachabteilung oder einen Process Owner mit allen Verantwortlichkeiten zu übergeben.

Abgesehen davon: Ein klares Projektende ist auch deshalb wichtig, weil ein Projektleiter formal so lange in seiner Rolle bleibt, bis er verbindlich „abgemustert" hat. Ein offiziell nicht beendetes Projekt kann deshalb weit reichende Folgen haben. So kann es passieren, dass Projektkostenstellen noch offen bleiben und Kollegen munter weiter ihre Stunden darauf buchen, obwohl das Projekt eigentlich abgeschlossen ist. Oder angenommen nach der Neuentwicklung eines Produkts treten in der Serienfertigung Probleme auf: Wenn das Projekt offiziell immer noch besteht, wird die Angelegenheit an das Projekt zur Lösung zurückdelegiert. Als Projektleiter wären Sie dann plötzlich wieder in der Verantwortung, obgleich das Projekt für Sie längst abgeschlossen war. Ein erfahrener Projekt-Kapitän besteht daher darauf, dass sein Projekt auf einer Meilensteinsitzung offiziell beendet wird.

Auch für die Teammitglieder ist ein sichtbarer Abschluss notwendig, damit sie sich vom Projekt lösen können. Die Projektabschlusssitzung ist ebenso wichtig und sollte mit der gleichen Intensität vorbereitet werden wie das Projekt-Kick-off. Am Projektende sollte immer eine Manöverkritik stehen. Dazu gehört die Auswertung von Kommunikation und Zusammenarbeit durch ein strukturiertes Team- und Einzel-Feedback, in das auch der Auftraggeber und das Umfeld zum Beispiel über ein 360-Grad-Feedback einbezogen sind.

6.3   Widerstände nutzen statt bekämpfen

Wer es mit Änderungen zu tun hat, wird immer auch mit dem Phänomen des Widerstandes konfrontiert sein. „Es gibt keine Veränderung ohne Widerstand", (Doppler und Lauterburg 2002). Es ist zu erwarten, dass sich Projektmitarbeiter gegen einzelne Aufträge, Prozesse oder Ergebnisse wenden oder dass sich im Umfeld des Projekts Widerstand regt.

Misstrauisch sollten Sie sein, wenn es keine Widerstände gibt. Denn Widerstand zeigt, dass es um etwas Wesentliches im Unternehmen geht, das auf Interesse stößt. Fehlen die Widerstände, müssen Sie befürchten, dass Ihr Projekt unwichtig ist – oder dass von vornherein niemand an dessen Realisierung glaubt.

Wenn Menschen sich gegen etwas Sinnvolles oder sogar Notwendiges sträuben, drücken sie damit in aller Regel Bedenken, Befürchtungen oder Ängste aus; die Ursachen liegen dann im emotionalen Bereich. Wenn Sie das Problem nicht zur Sprache bringen, kommt es zu Blockaden: So werden Teammitglieder, anstatt motiviert an ihren Aufgaben zu arbeiten, Termine nicht mehr einhalten, sachfremde Diskussionen vom Zaun brechen oder Probleme sehen, die angeblich den Terminplan obsolet und das Projektziel unerreichbar machen. Die Teammitarbeiter artikulieren damit zwar einen Änderungsbedarf, sind aber nicht in der Lage oder willens, diesen Änderungsbedarf sachlich zu formulieren und als Change Request einzureichen. Die Folge davon ist, dass das Projekt nicht mehr vorankommt und die Projektziele gefährdet sind.

Treten Widerstände auf, wählen Projektleiter häufig den Weg, den Zeit- und Aufgabendruck auf die Teammitglieder zu erhöhen – was am Ende den Gegendruck nur noch verstärkt. Notwendig wäre stattdessen, eine Denkpause einzulegen. Denn die hohe Kunst des Projektmanagements liegt nicht darin, den Widerstand zu brechen. Vielmehr wird ein guter Projektleiter einen Weg finden, die Gegenwehr für das Projektziel zu nutzen: Er nimmt die unterschwellige emotionale Energie, die Menschen zum Widerstand antreibt, ernst und versteht es, diese Energie sinnvoll zu kanalisieren.

6.3.1 Fallbeispiel: Rückzug in den Widerstand (Teil 1)

Wie das Nutzen dieser Energie funktioniert, zeigt das Beispiel eines Reorganisationsprojekts bei der deutschen Tochter eines internationalen Konzerns. Der deutsche Unternehmensteil befand sich in einer prekären Situation: Mit seinen drei Werken konkurrierte er innerhalb des Konzerns weltweit mit anderen Standorten. Um an Aufträge zu kommen, musste sich die deutsche Tochter an Ausschreibungen der Konzernmutter für bestimmte Produktions- und Fertigungsaufträge beteiligen. Seit zwei bis drei Jahren registrierte die deutsche Geschäftsführung, dass diese Ausschreibungen immer häufiger verloren wurden und große Aufträge an Konzerntöchter in Shanghai und in Mexiko gingen.

Mit dem Reorganisationsprojekt soll nun die Produktivität in den deutschen Werken verbessert werden. Dabei sieht die Geschäftsführung zwei Alternativen: Man kann entweder versuchen, die Kosten so weit zu senken, dass man im internen Markt wieder erfolgreich konkurrieren und die nach Shanghai und Mexiko verlorenen Aufträge zurückholen könnte. Oder man könnte sich innerhalb des Konzerns durch das Angebot höherwertiger Produkte neu positionieren.

Das Projekt startet ohne größere Probleme – denn dass etwas getan werden muss, sehen alle Projektbeteiligten ein. Das R des SMARTen Zieles, die Relevanz war also absolut gegeben! Nach einigen Wochen erhält der Projektleiter jedoch immer öfter alarmierende Nachrichten aus den Teilprojekten: Die einzelnen Gruppen, die an der Verbesserung der Prozesse und Arbeitsabläufe arbeiten, liefern ihre Ergebnisse nicht mehr oder nicht mehr pünktlich ab; der Terminplan kommt ins Rutschen. Der Projektleiter mahnt an, die Probleme zu benennen, um einen Change Request zu formulieren. Vergeblich: Die Projektmitarbeiter ziehen sich immer mehr zurück, selbst den Projektbesprechungen bleiben viele von ihnen fern. Auch die Teilprojektleiter sind ratlos: „Es läuft irgendwie nicht", müssen sie dem Projektleiter gestehen, „die wollen einfach nicht mehr." Was tun? Das Unternehmen zieht einen externen Coach hinzu, der den Projektleiter und drei Teilprojektleiter zu einer Krisensitzung einberuft. Gemeinsam betreiben sie Ursachenforschung und stellen verschiedene Hypothesen auf: Liegt es an der Arbeitsüberlastung der Projektmitarbeiter? Gibt es für sie andere Prioritäten? Das Unternehmen hat gerade einen großen Fertigungsauftrag erhalten, und einige Projekt-Mitarbeiter erklären, sie müssten sich um diesen Auftrag kümmern und hätten für das Projekt keine Zeit. Nach einiger Diskussion führt der externe Projektcoach eine ganz andere, für die Beteiligten überraschende Hypothese ein: Das Verhalten der Projektmitarbeiter könnte auch Widerstand ausdrücken.

Der Projektleiter zweifelt: War die Diagnose „Widerstand" wirklich zutreffend, wo doch niemand hörbar protestiert? Und wenn ja, wie sollte man solchem Widerstand begegnen? Welche Strategie kann da helfen? Als Antwort stellt der Coach zunächst das in den folgenden Abschnitten beschriebene Konzept vor.

6.3.2 Widerstand erkennen – und effektiv bearbeiten

Ein erfahrener Projekt-Kapitän versteht es, sein Projekt auch unter widrigen Bedingungen erfolgreich zu steuern. Hierbei kommt es vor allem auf drei Verhaltensweisen an:

- Die Antennen ausfahren (in Dialog treten, Ursachen erforschen);
- den Druck wegnehmen (dem Widerstand Raum geben);
- durch Strukturen Sicherheit geben (Unsicherheit bearbeitbar machen).

6.3.2.1 Die Antennen ausfahren und Druck wegnehmen

Widerstand ist ein Verhaltensphänomen, das in der Regel nicht offen zu Tage tritt, sondern sich indirekt zeigt. Ein Teammitglied, das mit der Aussage „Ich empfinde Widerstand" auftritt, ist sehr selten. Häufiger zeigt sich der Widerstand an Symptomen, die auch anderen Ursachen zugeordnet werden können. Hier die häufigsten Erscheinungen in diesem Zusammenhang (Abb. 6.5).

Wenn Sie als Projektleiter in Ihrem Team oder auch im Umfeld des Projekts solche Symptome bemerken, sollten Sie weiterforschen: Wo liegen die Ursachen? Versetzt man sich in die Lage der Betroffenen, ist es meist gar nicht so schwer, die Gründe zu finden. Überlegen Sie, welche der drei folgenden Mechanismen im konkreten Fall greifen:

	verbal (Reden)	non-verbal (Verhalten)
aktiv (Angriff)	Widerspruch	Aufregung
	Gegenargumentation	Unruhe
	Vorwürfe	Streit
	Drohungen	Intrigen
	Polemik	Gerüchte, Cliquen
passiv (Flucht)	Ausweichen	Lustlosigkeit
	Schweigen	Unaufmerksamkeit
	Bagatellisieren	Müdigkeit
	Blödeln	Fernbleiben
	ins Lächerliche ziehen	innere Kündigung

Abb. 6.5 Die häufigsten Symptome: Wie sich Widerstand zeigt

- Der oder die Betroffenen haben die Ziele, Hintergründe oder Motive einer Maßnahme nicht verstanden.
- Die Betroffenen haben verstanden, worum es geht, aber sie glauben nicht, was man ihnen sagt.
- Die Betroffenen haben verstanden und glauben, was gesagt wird – aber sie wollen oder können nicht mitgehen, weil sie sich von den vorgesehenen Maßnahmen keine positiven Konsequenzen versprechen.

Der erste Fall kann gut durch offene Fragen diagnostiziert werden. Die Ursache „nicht verstanden" zeigt, dass der Gesprächspartner für einen Dialog aufgeschlossen und auf der Argumentationsebene gut zu erreichen ist (vgl. Kap. 4). Doch Vorsicht: Wiederholen Sie jetzt nicht einfach die Argumentation, die der Mitarbeiter schon früher nicht verstanden hat. Empfehlenswert ist hier die Technik des aktiven Zuhörens, bei der Ihr Gesprächspartner Ihnen erläutert, was er verstanden hat und was ihm noch fehlt. Genau auf diese Punkte können Sie dann mit veränderten Argumenten und zusätzlichen Informationen eingehen – und damit den Druck aus der Situation nehmen.

Schwieriger ist der zweite Fall. Wenn ein Mitarbeiter Ihre Glaubwürdigkeit als Projektleiter anzweifelt, sind Sie mit Ihrer ganzen Persönlichkeit und seemännischen Gelassenheit gefragt. Entscheidend kommt es dabei auf die Stimmigkeit von Sagen und Handeln an. Wer jetzt sein Projektschiff sowohl methodisch sauber als auch persönlich überzeugend führt, hat jedoch alle Chancen, dass ihm geglaubt wird. Der MP Führungsstil (vgl. Kap. 2) kann hier sehr wirkungsvoll eingesetzt werden.

Bleiben die Widerstands-Symptome dennoch bestehen, liegt häufig die dritte Ursache vor: Die Mitarbeiter befürchten durch das Projekt persönliche „negative Konsequenzen". Dieser Fall (der zunächst im Dialog mit Mitarbeitern sorgfältig diagnostiziert werden sollte) stellt den Projektleiter im Vergleich zu Fall 1 und Fall 2 vor die größten Probleme. Negative Erwartungen können nämlich weder durch zusätzliche Erklärungen noch durch stimmiges und glaubwürdiges Führungsverhalten aus der Welt geschafft werden.

In solchen Situationen empfehle ich einem Projekt-Kapitän, in den Modus des aktiven Handelns und Vorlebens zu wechseln: Es kommt darauf an, dass er weniger durch Gespräche als durch Taten Überzeugendes leistet. Dann können die Beteiligten (im wahrsten Wortsinn) begreifen, um was es geht – und ihre negativen Erwartungen revidieren, die sie durch das Projekt befürchten. Konkret bedeutet das: Ein Projektleiter sollte bereits bei den ersten Meilensteinen Ergebnisse herausstellen, die von den Projektbeteiligten als positiv erlebt werden. So wird den Projektmitarbeitern und Stakeholdern das unangenehme Gefühl genommen, dass sie erst 12 bis 24 Monate warten müssen, bis das Projekt für sie vielleicht einmal eine positive Konsequenz hat. Stattdessen erkennen sie sehr schnell, dass sich das Projekt für sie positiv auswirkt.

Man sollte sich noch einmal klarmachen, dass dieser dritte Fall (in dem die Mitarbeiter persönliche negative Konsequenzen befürchten) in Projekten sehr schnell eintreten kann. Wie bereits herausgestellt, sind Veränderungen geradezu das Kennzeichen vieler Projekte – seien es nun veränderte Abläufe, die Erschließung neuer Märkte, die Entwicklung neuer Produkte oder das Einstellen auf neue gesetzliche Rahmenbedingungen. In der Folge verändern sich Strukturen, Abläufe und Gewohnheiten. Nicht nur Zusammenarbeit und Führung sind betroffen, berührt werden Arbeits- und Denkhaltungen ebenso wie das Selbstverständnis von Rolle und Funktion. Gerade in der Anfangszeit von Projekten entstehen hierdurch oft große Unsicherheiten, weil der Verlust an Struktur offensichtlich ist, aber der Gewinn des Neuen noch unklar bleibt.

Denken Sie an das Beispiel eines Restrukturierungsprojekts: Widerstand und Angst sind nur allzu verständlich, wenn etwa die Projektgruppe der Frage nachgeht, ob auf einer neuen Position die alten Kompetenzen ausreichen oder ganz neue Qualifikationen erforderlich werden. Natürlich wird sich im zweiten Fall jeder betroffene Mitarbeiter fragen, was aus ihm persönlich wird. Bedeutet es seine Entlassung? Oder führt die Reorganisation zu einer internen Versetzung in einen Bereich, in dem der Mitarbeiter niemanden kennt? Gehen Ansehen und Einfluss, vielleicht auch Entwicklungs- und Karrierechancen dadurch verloren?

6.3.2.2   Durch Struktur Sicherheit geben

Wie dargestellt sind Unsicherheit und Ängste häufig die tiefere Ursache für Widerstände. In diesem Fall kann eine effektive Widerstandsbearbeitung darin liegen, den Mitarbeitern Sicherheit zu vermitteln. Ein bewährtes und sehr nützliches Instrument sind in diesem Zusammenhang Rituale, die ein Projektleiter bewusst und absichtsvoll einsetzen kann (Rüegg-Stürm und Gritsch 2003). Denn ein Ritual vereinfacht in der Regel die Bewältigung einer komplexen, neuen Situation, in dem es auf bekannte und positiv besetzte Handlungsabläufe zurückgreift und dadurch Halt und Orientierung vermittelt. Auf diese Weise erkennen die Beteiligten, welche Elemente und Strukturen über alle Änderungen und Bruchstellen hinweg von grundsätzlicher Bedeutung sind und stabil bleiben.

Als Projektmanager sollten Sie also nicht nur erklären, was genau sich ändern soll, sprich: SMARTe Ziele formulieren. Ihre Aufgabe ist es auch zu verdeutlichen, was unverändert Bestand hat – auf was „man" sich auch zukünftig verlassen kann. In diesem kommunikativen Prozess sind Rituale eine hoch wirksame Unterstützung, weil sie in der Lage sind, die Unsicherheit zu mindern. Rituale haben drei zentrale Wirkungen, sie:

- fördern die Teambildung: Rituale betonen die Zugehörigkeit zu einer Gruppe („Du bist nicht allein.");
- stärken den gemeinsamen Sinn und Zusammenhang;
- stabilisieren die Kommunikation.

Rituale erzeugen ein Sicherheitsgefühl, weil sie in kritischen Situationen Handlungsleitplanken geben, ein Projekt stabilisieren. Im Projektmanagement können vor allem Macht-, Stabilisierungs- und Übergangsrituale wirksame Instrumente sein.

Machtrituale können die Autorität des Projektleiters in stürmischen Zeiten unterstreichen. Wenn zum Beispiel ein Projektleiter für die Zeit, in der er das Projekt leitet, in den Führungskreis des Unternehmens eingebunden ist (dem er normalerweise nicht angehört), dann handelt es sich um ein klares Machtsignal, das allen Mitarbeitern zeigt: Dieser Projektleiter sitzt jetzt ganz oben in der Managementrunde, dadurch werden unsere Themen bei den Entscheidern gehört. Projekttitel, Ausstattung des Projektraumes oder Zugang zu hohen Hierarchien innerhalb der Projektarbeit sind weitere typische Rituale der Macht. Schon die Reihenfolge der

Begrüßung oder Vorstellung des Projektteams bei einem Termin zeigt dessen Bedeutung und veranschaulicht, dass das Projekt „im Fokus steht".

Stabilisierungsrituale können Sie als Projektleiter einsetzen, um Kontrolle zu signalisieren: „Ich habe den Prozess im Griff." Hierzu zählt der bewusste Einsatz von externem Wissen, etwa indem Sie einen Vorschlag durch eine Studie untermauern, die Sie möglicherweise selbst bei einem Wissenschaftler in Auftrag gegeben haben. Oder Sie ziehen vor einer schwierigen Entscheidung einen bekannten externen Experten hinzu, der im Projektteam über vergleichbare Situationen berichtet und seine Erfahrungen darstellt. Versuchen Sie also, punktuell externe Expertise einzubringen, die in einer bestimmten Situation das Wissen vermehrt und damit das Vertrauen des Projektteams in seine eigenen Fähigkeiten stärkt. Derartige Stabilisierungsrituale haben im Projektprozess eine wichtige Funktion: Sie vermitteln ein Gefühl erhöhter Kompetenz in uneindeutigen Situationen und ermutigen bei den sogenannten „unentscheidbaren Entscheidungen".

Übergangsrituale spielen zu Projektbeginn und -ende eine große Rolle. Es handelt sich hier um feste Rituale für den Übergang in eine neue Rolle bzw. Position. So sollte z. B. der Wechsel vom Projekt in die Linienaufgabe bei Projektende explizit gewürdigt werden. In einem Abschlussgespräch werden Erfolge und Leistungen aufgezeigt – und der Mitarbeiter wertschätzend aus der Projektposition gelöst. Eine kleine Feier ist selbstverständlich, bevor die Projektmitarbeiter auseinandergehen. Doch sollte das Übergangsritual immer auch ein Gespräch mit den Vorgesetzten der Projektmitarbeiter vorsehen. Indem Projektleiter und Vorgesetzter zusammen mit dem Teammitglied ein „Beurteilungsgespräch" führen, erfährt der Vorgesetzte, welche Leistungen der Mitarbeiter im Projekt erbracht und welche neuen Kompetenzen er dabei erworben hat. Der Vorgesetzte wird durch das Gespräch in die Lage versetzt, den Mitarbeiter wieder adäquat an die Abteilung anzubinden. Gemeinsam mit dem Mitarbeiter kann er prüfen, ob sich dessen Projekterfahrung künftig für die Fachabteilung nutzen lässt.

Aber auch beim Projektstart ist ein persönliches Gespräch und ein Kick-off mit „Sinn und Zusammenhang" (vgl. Kap. 5) als Übergangsritual wichtig. Auf diese Weise tritt der Mitarbeiter seine Projektaufgabe mit Zuversicht an: Er denkt an das, was im Projekt möglich ist, anstatt sich vor einer ungewissen Zukunft im Projekt und vor Anforderungen zu fürchten, von denen er nicht weiß, ob er sie bewältigen kann.

Rituale bannen sichtbar das Chaos. Sie kommen dem Bedürfnis nach Orientierung und tragfähigen Gewissheiten entgegen. Es lässt sich also festhalten: Viele Widerstände liegen in Ängsten und Unsicherheit begründet. Als Projektleiter können Sie durch Machtrituale Stabilität schaffen und die Gruppe durch verbindliche Strukturen und Verantwortungen von Ungewissheit entlasten. Stabilitätsrituale vermitteln dem Team, dass es gemeinsam und zielorientiert auf dem Weg ist – und helfen dem einzelnen Teammitglied, seine individuelle Unsicherheit zu bewältigen.

6.3.3 Fallbeispiel: Rückzug in den Widerstand (Teil 2)

Zurück zum Beispiel des Reorganisationsprojekts bei der deutschen Tochter eines internationalen Konzerns. Als das Projekt nicht mehr vorankam, hatte das Unternehmen einen externen Coach zu Rate gezogen, der dann eine überraschende These aufstellte: Ursache der Probleme könnten versteckte Widerstände bei den Projektmitarbeitern sein. Der Coach präsentierte dem Projektleiter und Geschäftsführer des Unternehmens das im letzten Teilkapitel vorgestellte Konzept: Er stellte dar, auf welche Weise sich Widerstand im Projekt erkennen lässt, welche drei Mechanismen dahinter stehen können – und wie man Widerstände effektiv bearbeitet.

Der Geschäftsführer zeigte sich diesen Überlegungen gegenüber sehr aufgeschlossen und stimmte zu, den Terminplan des Projekts für drei Wochen einzufrieren. In dieser Zeit sollten die Teilprojektleiter ihre „Antennen ausfahren", um den tatsächlichen Ursachen für die Lustlosigkeit der Teammitglieder und deren Fernbleiben von den Teamsitzungen auf den Grund zu gehen. Ist es der neue Fertigungsauftrag? Die Arbeitsüberlastung? Oder stecken tatsächlich Widerstände gegen das Projekt dahinter?

Nach zahlreichen Gesprächen kam die Krisenrunde zwei Wochen später erneut zusammen. Das Ergebnis ist eindeutig: Die Widerstand-These traf zu. Deutlich war auch, dass hinter dem Widerstand wohl der zweite der drei möglichen Mechanismen stand: „Die Betroffenen haben verstanden, worum es geht, aber sie glauben nicht, was man ihnen sagt." Bezogen auf den konkreten Fall glaubten die Projektmitarbeiter nicht an den offiziellen Projektauftrag, der besagte, dass das Projekt lediglich die Optimierungspotenziale ausloten sollte – und die Geschäftsführung erst dann auf Grundlage dieser Ergebnisse über die künftige Strategie entscheiden würde.

Tatsächlich glaubten die Mitarbeiter, dass die Geschäftsführung sich längst für die hochwertige Alternative entschieden hatte – sprich: die bisherige Produktion aufzugeben und künftig qualitativ anspruchsvollere Produkte hergestellt werden. Interessanterweise berichten die Teilprojektleiter, dass der Widerstand gegen das Projekt nahezu ausschließlich von Mitarbeitern kam, die weniger gut qualifiziert sind und deshalb befürchten, die neuen, technologisch anspruchsvollen Fertigungsaufträge mit ihrem Know-how nicht mehr abwickeln zu können. Genau die Maschinenbediener, deren Wissen für eine Optimierung der Produktionsprozesse besonders wertvoll ist, waren quasi in „Projektstreik" getreten, weil sie Angst um ihre Zukunft hatten.

Das Thema Glaubwürdigkeit war also zu bearbeiten. Zusätzliche Information und Argumente können hier kaum noch etwas ausrichten. Denn die Mitarbeiter haben das Projekt und seinen Auftrag sehr wohl verstanden. Was fehlt, ist das Vertrauen in die Ehrlichkeit des Auftraggebers. Gefordert war also der Geschäftsführer.

Daraufhin organisierte das Unternehmen eine Reihe von Workshops mit jeweils etwa 20 Teammitgliedern, bei denen sich der Geschäftsführer in etwa mit folgendem Tenor an die Mitarbeiter wandte: „Ich habe das Gefühl, Sie glauben mir nicht, dass wir nur eine Bestandsaufnahme machen und die Entscheidung, ob wir bei der bisherigen Fertigung bleiben oder uns auf eine Hochqualitativstrategie festlegen, noch offen ist. Sie ist offen! Was würde Ihnen helfen, mir zu glauben?"

Die folgende Auseinandersetzung brachte in allen Workshops ein ähnliches Ergebnis: Der Geschäftsführer solle doch beschreiben, wie denn genau die Strategie aussähe, wenn man auf die qualitativ hochwertigen Produkte umsteigen würde. Was würde dann produziert? Mit welchen Folgen für die Herstellung und die Mitarbeiter? Die Mitarbeiter äußerten den Wunsch, den ominösen Begriff „qualitativ hochwertig" konkret fassen zu können.

Soweit es bereits möglich war, ging der Geschäftsführer auf den Wunsch ein und konkretisierte die alternative Strategie. So „wuchs" damit bei den Mitarbeitern eine gewisse Sicherheit. Gleichzeitig verkündete der Geschäftsführer, dass umgehend das Qualifizierungsbudget für die Techniker verdreifacht würde, und sendete damit ein klares Signal an die Mitarbeiter: Sollte die zweite Alternative tatsächlich kommen, werdet ihr nicht nur weiterhin dabei, sondern auch in der Lage sein, die neuen Anforderungen zu erfüllen!

Alles in allem ist der Umgang mit Widerständen für einen Projektleiter eine anspruchsvolle Angelegenheit. Er muss hierfür viel Zeit für Dialoge und Mikropolitik einplanen. Dennoch lohnt dieser Aufwand, denn erfahrene Projektmanager wissen, dass im Auftreten von Widerstand auch die Chance liegt, die betreffende Person oder Gruppe auf der Motivationsebene, das heißt im Gespräch zu erreichen. Widerstand ist eine kraftvolle Reaktion, bei der sich eine Person oder Gruppe mit dem Thema aktiv auseinandersetzt.

Oder anders gesagt: Es braucht schon eine gehörige Portion Kraft und Energie, in den Widerstand zu gehen. Dieses Potenzial ist aber nutzbar, wenn es gelingt, die in den Widerstand fließende Energie „umzupolen".

Statt also zu beklagen, dass einige Mitglieder der Mannschaft nicht mitziehen (und sich die „guten alten Zeiten" zurückzuwünschen, als man solche Matrosen noch „Kiel holen" konnte), werden erfahrene Seebären den Dialog suchen und ergründen, ob vielleicht „nur" Widerstand vorliegt.

6.4   Fazit: Das Unerwartete managen

Ein Kapitän – wie auch ein Projektleiter – braucht Strukturiertheit an Bord – nur dann kann er den plötzlich aufziehenden Sturm managen. Planen bedeutet, sich auf das Unvermeidliche vorzubereiten (Weick und Sutcliffe 2007). Gefährlich ist dagegen der Versuch, im Detail vorauszusehen, was passieren wird – denn dieser Versuch unterstellt ein Maß an Verstehen, das man in der komplexen Dynamik des Projektmanagements nicht erreichen kann. Im Gegenteil: Es entsteht dann der irrige Glaube, man habe – wenn der Plan nur gut genug sei – alles unter Kontrolle.

Stattdessen benötigt der Projekt-Kapitän eine Haltung, in der Flexibilität, gelassene Reaktion, Erfahrung und der strukturierte Umgang mit Unvorhergesehenem breiten Raum einnehmen. Nur dann ist er in der Lage, das Unerwartete zu managen. Diese besondere Herausforderung kann man auch „Achtsamkeit" nennen: „Wenn Sie den Ausdruck ‚das Unerwartete managen' etwas genauer betrachten, wird Ihnen auffallen, dass sich das Wort ‚unerwartet' auf etwas bereits Geschehenes bezieht. Wenn Sie das Unerwartete managen, befinden Sie sich bereits im Hintertreffen. Sie sind mit etwas konfrontiert, das Sie nicht vorhergesehen haben und das sich trotzdem ereignet hat. Und um damit fertig zu werden, braucht man eine andere Grundeinstellung als für die Planung der Geschehnisse." (Weick und Sutcliffe 2007, S. 82).

Was bedeutet das für Sie als Projektleiter? Änderungen in der Planung sind unvermeidlich! Daher wäre es falsch, Ihr Augenmerk und Ihre Energie darauf zu richten, an einmal aufgestellten Zielen und Plänen unter allen Umständen festzuhalten.

Das heißt aber nicht, dass Sie Ihr Projektschiff ohne eine solide Planung steuern können – im Gegenteil: Diese ist notwendig, um das Unerwartete managen und das Projekt am Rande des Chaos erfolgreich zum Ziel zu führen. Sie benötigen Pläne, um zu wissen, was Sie zu tun haben – doch dürfen diese Pläne nicht in Beton gegossen sein.

Die Hauptleistung für eine solide Planung liegt schon in der Auftragsklärung: Wenn Sie in dieser Vorphase gut arbeiten, können Sie die Zahl der späteren Feuerwehreinsätze auf ein handhabbares Maß beschränken. Da Sie aber wissen, dass es auch bei noch so solider Planung irgendwann trotzdem „brennen" wird, bereiten Sie sich gleichzeitig auf das Unvermeidliche vor. Hierzu legen Sie einen verbindlichen Änderungsprozess, für die sogenannten Change Requests fest. Nach diesem Prozess wird immer dann verfahren, wenn die Umstände eine Änderung des Projektplans erfordern. So gelingt es, Unerwartetes mit Hilfe eines strukturierten, für alle Beteiligten nachvollziehbaren Prozesses zu managen.

Auch ein strukturiertes und nachvollziehbares Änderungsmanagement wird nicht verhindern, dass Sie als Projektleiter mit Widerständen konfrontiert werden.

Denn Projekte bedeuten per definitionem Veränderung – und jede größere Veränderung irritiert die bestehende Organisation und führt zu Widerstand. Für einen Projektleiter ist es deshalb wichtig, die Phänomenologie von Widerstand zu kennen und zu wissen, wie er im konkreten Fall mit Widerständen umgeht. Dabei können Führung im Dialog und der bewusste Einsatz von Ritualen einen wesentlichen Beitrag leisten.

Bei all dem gilt es, achtsam zu sein, die Symptome von Widerstand frühzeitig zu erkennen und bei Änderungen oder Fehlentwicklungen schnell und flexibel zu agieren.

Führung mit seemännischer Gelassenheit – Projektmanagement jenseits der Planwirtschaft

7

> ▸ Sie wissen inzwischen: Starre Planungen werden der Komplexität von Projekten nicht gerecht. Sie sind Ergebnis eines Denkgebäudes, das in Wenn-dann-Beziehungen denkt. Wer ein Projekt erfolgreich führen möchte, sollte auf Basis eines Denkmodells arbeiten, das Vernetzung und Rückkopplung berücksichtigt.

Projekte erfolgreich zu führen bedeutet vor allem eines: Management am Rande des Chaos! Eine gewisse Unvorhersehbarkeit zählt zu den Kerneigenschaften eines Projekts.

Wenn aber der Wandel normal ist, warum sind dann formale Vorgehensmodelle, die Veränderungen im Projekt mit starren Plänen und mechanistischen Tools bekämpfen, immer noch so beliebt und weit verbreitet? Die Antwort dürfte darin liegen, dass der Umgang mit Komplexität wesentlich anstrengender ist, als ein lineares Wenn-dann-Prinzip zu befolgen.

Wie in diesem Kapitel gezeigt wird, greift das lineare Denken im Projektmanagement oft zu kurz. Selbstverständlich sollte ein erfolgreicher Projektleiter das grundlegende Handwerk, die notwendige Bedingung, beherrschen und in der Lage sein, den Projektprozess durch die üblichen Vorgehensmethoden und Tools nach IPMA, PMI oder PRINCE2 zu planen, zu dokumentieren und zu visualisieren. Darüber hinaus kommt es aber bei Führung, Kommunikation und Inszenierung des Projekts noch auf etwas anderes an: auf eine Haltung, die der projektimmanenten Unsicherheit wach, konzentriert und mit seemännischer Gelassenheit begegnet. Eine starke Projektführung erfordert die Haltung eines echten Seebären, der die Vorgänge scharf beobachtet, konkrete Fragen stellt, dann entscheidet – und das Risiko der Entscheidung persönlich trägt.

O. Hinz, *Der Projekt-Kapitän*, DOI 10.1007/978-3-658-01451-3_7,
© Springer Fachmedien Wiesbaden 2013

7.1 Zwei Denkgebäude

Grundsätzlich gibt es zwei Herangehensweisen, um Vorgänge wahrzunehmen, zu erklären und das eigene Handeln daran auszurichten. Ich will im Folgenden diese zwei Denkgebäude vorstellen (Backhausen und Thommen 2004; Simon 2006):

Das *lineare Modell* oder *Kausalmodell* beruht wie eine Maschine auf dem Wenn-dann-Prinzip: Wenn ich auf den Startknopf drücke, dann springt der Motor an.

Das *Rückkopplungs- oder Vernetzungsmodell* geht von komplexen Systemen aus, bei denen eine Handlung Wirkungen auslöst, die zu Reaktionen, Rückkopplungen und Ergebnissen führen, die sich untereinander beeinflussen. Das, „was am Ende herauskommt", ist meist ungewiss …

Mit Blick auf das Projektmanagement hat das erste Modell zweifellos den Reiz der Wiederholbarkeit und Planbarkeit, während das zweite in der Lage ist, die im Projekt allgegenwärtige Unsicherheit abzubilden. Was heißt das aber für Sie als Projektleiter? Welchem Modell sollten Sie folgen? In den folgenden Abschnitten werde ich die beiden Modelle aus dem Blickwinkel des Projektmanagements zunächst einander gegenüberstellen – um dann meine Schlussfolgerungen für die Praxis zu ziehen.

7.1.1 Das lineare Modell

Das lineare Modell geht von kausalen Wenn-dann-Beziehungen aus. Es folgt der häufig bestätigten Lebenserfahrung, dass zwischen zwei Größen eine proportionale Beziehung besteht. Ein Hammerschlag treibt den Nagel in das Holz – wird der Schlag kräftiger, dringt der Nagel entsprechend tiefer hinein. Ein solcher kausaler Zusammenhang ist berechnet – und damit vorhersehbar; er verspricht Sicherheit und Planbarkeit.

Im Projektmanagement ist das lineare Denkmodell weit verbreitet. Zum Ausdruck kommt es bei Projektmanagern mit mechanistischem Weltbild, die sich der Scheinsicherheit von Methoden und Tools hingeben, die nach dem Wenn-dann-Prinzip aufgebaut sind. Ein Projektleiter, der in linearen Kategorien denkt, identifiziert Probleme und Handlungsfelder und wendet dann ein geeignetes und bewährtes Tool an. Dann folgt er dem vorgegebenen Pfad und geht davon aus, dass am Ende aus dieser „Maschine" das prognostizierte Ergebnis herauskommt.

Die Schwierigkeiten fangen an, wenn die erwarteten Ergebnisse ausbleiben. Damit ist durchaus zu rechnen, weil die Wenn-dann-Beziehungen in der Realität keineswegs immer so anzutreffen sind, wie sie angenommen wurden. Projektleiter und Projektteam sehen sich dann mit unerwarteten Situationen konfrontiert, die sie mit den linearen Denkmustern weder erklären noch managen können. Unsicherheit und operative Hektik sind oft die Folge, weil die Projektbeteiligten nicht wissen, wie sie *richtig* reagieren sollen. Sie stehen ohne Repertoire da.

7.1.2 Das Rückkopplungsmodell

Das Rückkopplungsmodell betrachtet ein Projekt einschließlich seines Umfeldes als komplexes System, in dem die Projektbeteiligten und das Umfeld auf das Projekt selbst wie auf alles, was parallel zum Projekt noch in der Organisation passiert, reagieren. Es entstehen Rückkopplungen, die zu Verhaltensweisen und Ergebnissen führen können, wie sie ursprünglich nicht beabsichtigt waren. Das Modell ist damit in der Lage, ein wichtiges empirisches Phänomen abzubilden, dass ein Projekt die bestehende Organisation häufig irritiert und dort unerwartete Reaktionen auslöst.

7.1.3 Eine vernetzte Welt

Welchem Modell sollte ein Projektleiter nun folgen? Ich denke, dass die Beobachtung der zunehmenden Vernetzung in Organisationen für das Rückkopplungsmodell spricht: In der Praxis lässt sich beobachten, dass in Projekten ständig Rückkopplungen stattfinden. Es erscheint deshalb nahe liegend und sinnvoll, ein Managementmodell zu wählen, das diesem Phänomen der Vernetzung gerecht wird.

Das Wenn-dann-Modell verlangt von einer Führungskraft, dass sie Entscheidungen konsequent durchsetzt, um das „dann" zu erreichen – denn das lineare Denken kennt nur diese Lösung. Wer als Projektleiter nach diesem Modell vorgeht, kann Alternativen nicht erkennen und wird deshalb Probleme provozieren. Um dennoch zum „dann" zu gelangen, muss er auf Gegenkurs gehen und versuchen, die Probleme „aus dem Weg zu räumen".

Nach meiner Überzeugung ist der Wenn-dann-Ansatz daher etwas für tapferere Helden, aber nicht besonders klug und weise (Doppler 2009). Anstatt die im Projekt unvermeidlichen Widerstände zu akzeptieren und deren Energie im Sinne der Projektziele zu nutzen (siehe Kap. 6), geht er mit aller Kraft gegen sie vor. Er versucht sich nicht mit den Verhältnissen, wie sie sind, zu arrangieren. Statt sich also auf das „schlechte Wetter" einzurichten, kämpft er gegen den Sturm und versucht, eine eigene, auf das Wenn-dann-Muster reduzierte Realität durchzusetzen. Die Gefahr ist groß, dass aus dem tapferen Projekthelden ein „Ritter von der traurigen Gestalt" wird, der wie einst Don Quijote einen aussichtslosen Kampf gegen Windmühlen führt.

Es ist also sinnvoll, sich mit dem Rückkopplungsmodell zu beschäftigen. Schauen wir dazu in die Projektrealität. Herausgegriffen habe ich im Folgenden drei zentrale Herausforderungen, mit denen es der Projektleiter zu tun hat: Steuerung bei Komplexität, Entscheiden trotz Unsicherheit und das – für den Projekterfolg letztlich entscheidende – Management des Unerwarteten.

7.1.3.1 Steuerung bei Komplexität

Wir beobachten es allerorten: Die Komplexität in Wirtschaft und Gesellschaft nimmt zu. Mit Komplexität meine ich „(…) Prozesse, die in hohem Maße von der Vernetzung mit anderen, ebenfalls komplexen Prozessen abhängig sind und diese Prozesse zudem vielfach selbst beeinflussen. So entstehen kaum durchschaubare Netze von Rückkopplungen. Erschwerend kommt hinzu, dass häufig zeitliche Verzögerungen stattfinden, die den direkten Zusammenhang oft verschleiern" (Backhausen und Thommen 2004, S. 52).

Auch Projekte sind ein komplexes Gebilde, wobei hier nicht nur der Projektprozess selbst höchst komplex ist: Hinzu kommt, dass das Projekt mit seinem Umfeld vernetzt und dadurch von anderen, ebenfalls komplexen Prozessen abhängig ist – wobei sich alle diese miteinander verbundenen Prozesse gegenseitig beeinflussen. Wie gelingt es dem Projektleiter, in dieser Situation die richtigen Entscheidungen zu treffen?

7.1.3.2 Projektsteuerung mit dem linearen Modell

Das lineare Modell schlägt an dieser Stelle vor, die Komplexität auszublenden. Folgt ein Projektleiter diesem Modell, wird er versuchen, alle nicht in sein Wenn-dann-Vorgehensmodell passenden Vorgänge zu ignorieren oder auszuschließen. Zwangsläufig wird er die Realität selektiv wahrnehmen und alles Störende entweder wegdefinieren oder als Sonderfall ansehen, der in der konkreten Situation nicht berücksichtigt werden muss.

Nach wie vor ist das lineare Denken in der Projektmanagementszene weit verbreitet. Aus Sicht der einzelnen Führungskraft ist es auch verständlich, dass sie auf die logischen Modelle vertraut, anstatt sich mit Themen wie Nicht-Steuerbarkeit und Rückkopplungen zu befassen, die am Ende nur Unsicherheit und Angst erzeugen.

So nachvollziehbar diese Haltung ist – dem Grundproblem werden die linearen Methoden leider nicht gerecht: Ein Projekt ist ein komplexes System, das wiederum in ein komplexes System, nämlich das Unternehmen, eingebunden ist. Und in beiden Systemen herrscht eine unvorhersagbare Eigendynamik, die den Fortgang eines Projekts entscheidend beeinflusst und nicht – wie es das lineare Denkmodell nahelegt – einfach ignoriert werden darf. Erforderlich ist deshalb ein Management-system, das Komplexität nicht ausblendet, sondern den Umgang damit ermöglicht.

7.1.3.3 Projektsteuerung mit dem Rückkopplungsmodell

Was bedeutet es, wenn der Projektleiter vor der Komplexität nicht die Augen verschließt, sondern sie annehmen und managen möchte? Zunächst liegt seine Hauptaufgabe darin, das Projekt mit Impulsen und Informationen von außen zu versorgen. Während sich das Projektteam auf die innere Aufgabe, das heißt die sachlich-fachliche Lösung des Projektauftrages konzentriert, ist der Projektleiter primär damit beschäftigt, im Netz der Rückkopplungen die Prozesse und Personen zu identifizieren, die für das Projekt relevant sind.

Hierzu geht der Projektleiter hinaus in das Unternehmen und klärt den Kontext und die Machbarkeit (vgl. Kap. 3). Er unterscheidet im vielstimmigen Umfeld der Interessenvertreter diejenigen, die als Stakeholder in die Kommunikationsarchitek-tur aufgenommen werden, und geht dann in der Projektkommunikation absichts-voll und zielgerichtet vor (Kap. 4). Im Innenverhältnis sorgt der Projektmanager durch sein Führungsverhalten (Kap. 2) dafür, dass Sinn und Zusammenhang ent-stehen, und nutzt die vorhandene Gruppendynamik zur Zielerreichung (vgl. Kap. 5 und 6).

Der Projektleiter bewegt sich immer an der Grenze zwischen dem Projekt und dessen Umwelt und führt dabei das Projekt am Rande des Chaos entlang. Das heißt: Er managt einen Planungsprozess, der Änderungen ermöglicht, sie jedoch nicht willkürlich zulässt, sondern im Rahmen eines verbindlichen Prozesses regelt. So stellt er sicher, dass Rückkopplungen integriert und neues Wissen im Projekt ge-nutzt werden (vgl. Kap. 6).

Wer so agiert, missbraucht Planungstools und PM-Modelle nicht mehr, um die Komplexität auszublenden, sondern nutzt sie, um das Projekt effektiv zu steuern. Vor allem aber zeigt er eine Haltung, die von Neugier, Risikobewusstsein und der Bereitschaft, unentscheidbare Entscheidungen zu treffen, geprägt ist. Das zentrale Führungswerkzeug besteht aus Fragen und aktivem Zuhören, die typischen Metho-den sind Prozessmanagement, Steuerung von Gruppendynamik und laterale Füh-rung von temporären Teams. Das Ergebnis wird dann ein Projekt sein, das in großer Loyalität und Anbindung an die Organisation sein Ziel in einem Zeitraum erreicht, den alle Beteiligten mittragen.

7.2 Entscheiden trotz Unsicherheit

Im linearen Modell gibt es eigentlich keine Entscheidung unter Unsicherheit – gerade deshalb ist dieses Modell ja so beliebt. Unsicherheit wird durch statistische Methoden oder mathematisches Risikomanagement quasi wegkalkuliert. Mit Hilfe eines Risikomaßes wie z. B. dem „Value at Risk" glaubt man, Risiko nicht nur als handhabbare Zahl ausdrücken, sondern auch in eine feste und sichere Form gießen zu können. Der Gedanke, dass ein Projektleiter auch vor unentscheidbare Entscheidungen gestellt wird und dann unter Unsicherheit entscheiden muss, ist diesem Ansatz fremd.

7.2.1 Denken in Alternativen

Was aber, wenn der Projektleiter der Komplexität ins Auge sieht und sich klarmacht, dass er unter Risiko entscheidet – wenn ihm klar ist, dass er unentscheidbare Entscheidungen zu treffen hat, bei denen er nicht weiß, was richtig ist? Werden Entscheidungen dann zum Glücksspiel? Was leitet dann das Handeln? Um es klar zu sagen: Es geht nicht um konzeptloses Handeln, nur weil das Rückkopplungsmodell bisher vorherrschende Kategorien in Frage stellt. Richtig ist, dass der Projektleiter sich vom Wenn-dann-Denken verabschiedet und die alten Kategorien „richtig" und „falsch" damit ihre Gültigkeit verlieren. Doch bietet das neue Konzept Leitlinien, an denen er seine Entscheidungen ausrichten kann. Meine Empfehlung ist es hier, die bisherigen Kategorien „richtig" und „falsch" durch „angemessen" und „unnütz" zu ersetzen. Dies zwingt einen Projektleiter, immer in konkreten Alternativen zu denken, anstatt wie früher nach eindeutigen Lösungen zu suchen.

Während im Wenn-dann-Modus die Ergebnisse entweder richtig oder falsch sein können, wird ein Projektleiter im Rückkopplungsmodell sich überlegen, welche Alternative in einer bestimmten Situation eher zum Projektziel beiträgt.

Von Mutius (2009, S. 15) nennt dies die Abkehr von der „Schusswaffen-Logik" hin zur „zirkulären Logik": „Lineare Schusswaffen-Logik heißt: Zielen – Feuern. Trifft die Kugel ins Schwarze – gut. Trifft sie daneben – nicht gut; dann muss noch mal gefeuert werden. Und wenn es immer noch nicht klappt, wird der Schütze selbst gefeuert. Nur für das Geschoss muss ich keine Verantwortung übernehmen, denn es kehrt nicht mehr zurück. Im Unterschied dazu sagt die zirkuläre Logik: Alles kommt irgendwie zurück."

Entscheiden im Rückkopplungsmodell braucht eine Haltung der Ambiguitätstoleranz (vgl. Kap. 6), das heißt der Fähigkeit auch in uneindeutigen Situationen als Führungskraft zu handeln. Selbstverständlich spielen Zahlen, Daten und Fakten auch hier eine sehr wichtige Rolle. Auch hier stützen sich Entscheidungen auf eine solide Informationsgrundlage, die Hypothesen, Wenn-dann-Kausalitäten und Wahrscheinlichkeiten einbezieht. Am Ende steht der Projektleiter vor mehreren Alternativen und nicht nur einer. Die Zwangsläufigkeit des Wenn-dann-Modells wird durch die Offenheit des Rückkopplungsansatzes ersetzt. Der Projektmanager muss entscheiden! Hierbei handelt es sich um eine persönliche Führungsentscheidung, die ihm weder ein Projektmanagement-Tool noch ein mathematisches Modell abnimmt.

Projektmanager wählen unter den bestehenden Alternativen die passende aus. Diese ist nicht dadurch gekennzeichnet, dass sie die beste ist, sondern dass die Führungskraft sie für die beste hält. Das Risiko, das nun entsteht, weil einerseits entschieden werden muss (sonst herrscht Stillstand) und andererseits jede Entscheidung eigentlich unentscheidbar ist, muss der Projektleiter allein tragen. Dies ist der Kern einer echten, seemännisch-gelassenen Führungshaltung!

7.2.2 Entscheidungsprozess im Rückkopplungsmodell

Fest steht: Wenn Sie Ihrem Projektmanagement das Rückkopplungsmodell zugrunde legen, können Sie die Komplexität nicht mehr ignorieren, sondern müssen sich mit ihr auseinandersetzen. In dieser Lage ist es sinnvoll, für Entscheidungen – ähnlich wie beim Management von Änderungen, den Change Requests – einen klaren Prozess festzulegen.

Diese Vorgehensweise ist empfehlenswert, weil Sie als Projektleiter in einem komplexen Umfeld besonderen Anforderungen gegenüberstehen, die Ihr Entscheidungsverhalten wesentlich erschweren. Dietrich Dörner nennt vier Determinanten der Entscheidung unter Unsicherheit (Dörner 2008):

- Komplexität: Als Entscheider müssen Sie viele Variable gleichzeitig beobachten, die zudem miteinander vernetzt sind. Dadurch entsteht Ungewissheit über die Auswirkungen Ihrer Entscheidung.
- Eigendynamik: Das Projekt und sein Umfeld entwickeln sich weiter, auch wenn Sie als Projektleiter nicht handeln. Dies zwingt Sie dazu, das Projekt nicht nur in seinem augenblicklichen Zustand, sondern auch in seiner Entwicklungstendenz zu beobachten. Und dies erzeugt Entscheidungsdruck, weil die Situation morgen schon ganz anders sein könnte.
- Intransparenz der Situation: Viele Daten, die für die Entscheidung notwendig wären, sind nicht oder nur in grober Schätzung zugänglich.

- Unkenntnis: In komplexen Situationen ist es schlicht unmöglich zu wissen, was genau vor sich geht – und warum die Dinge so passieren, wie man meint, sie zu beobachten.

Vor diesem Hintergrund leuchtet ein, dass Entscheidungen im Projekt nach einem anderen Prozess ablaufen sollten als nach dem bisherigen Wenn-dann-Muster. Ein solcher Entscheidungsprozess kann, wie im Folgenden dargestellt, in fünf Schritten ablaufen: Zielbildung, Hypothesenbildung und Informationssammlung, Prognose und Vorausschau, Planen und Entscheiden sowie Effektkontrolle und Reflexion.

Schritt 1: Zielbildung Ein SMARTes Ziel ist die Grundlage des Prozesses (vgl. Kap. 5).

Schritt 2: Hypothesenbildung und Informationssammlung Zunächst klären Sie einige wesentliche Fragen: Was ist der relevante Kontext für die Entscheidungssituation? Wer ist zu befragen? Welche Vorinformationen gibt es bereits? (vgl. dazu die drei Phasen der Auftragsklärung in Kap. 3). Dann setzen Sie die gesammelten Informationen zu einem aktuellen Bild zusammen. Hierzu bilden Sie Hypothesen, mit welchem System aus Rückkopplungen Sie es zu tun haben könnten. Genau hierin liegt einer der wesentlichen Unterschiede zur tradierten Entscheidungsfindung im linearen Denkmodell – nämlich in der Bildung von unterschiedlichen Hypothesen, um nicht in die Gefahr zu geraten, vorschnell nur ein Symptom zu kurieren, anstatt an die Wurzel des Themas vorzustoßen. Ein weiterer Aspekt kommt hinzu, wenn Sie dieses hypothesengeleitete Vorgehen wählen: Sie erkennen die wesentlichen Neben- und Fernwirkungen Ihrer Entscheidung, die vielleicht mehr Schaden als Nutzen anrichten.

Doch Vorsicht, meiden Sie eine typische Falle bei der Hypothesenbildung: Unter dem Zeit- und Aufgabendruck der Projektarbeit tendieren manche Projektmanager dazu, ihre Hypothesen durch selektive Wahrnehmung, das heißt die Hypothesen bestätigende Informationssammlung quasi zu „immunisieren". De facto bedeutet das einen Rückfall in das Wenn-dann-Muster. Denn die Suche von Informationen nach dem Motto der „selbsterfüllenden Prophezeiung" verengt den Blick; der Projektleiter grenzt sich wieder auf die „einzig richtige Lösung" ein.

Schritt 3: Prognose und Vorausschau Nachdem Sie die Situation mit Hilfe verschiedener Hypothesen beschrieben haben, folgt die Prognose, wie es weitergehen könnte. Meist ist die Prognose ohnehin von höherer Relevanz als der Status quo, schließlich sollen Entscheidungen ja zukünftige Handlungen beeinflussen.

In diesem Prozessschritt entstehen verschiedene Szenarien, das heißt alternative Darstellungen der Zukunft, die dazu dienen:

- komplexe, unsichere Entscheidungsalternativen zu illustrieren und vorstellbar zu machen,
- als „Kristallisationspunkt" den Entscheidungsprozess zu fokussieren und die Alternativen abschätzbar zu machen,
- eine fundierte und differenzierte Kommunikation über die Sicht der Dinge zu ermöglichen.

Aber auch hier gilt: Fallen Sie nicht in alte Muster der Unsicherheitsbewältigung zurück. In komplexen Prognosesituationen neigen viele Menschen dazu, einfach den Status quo fortzuschreiben. Die beste Prognose ist der Trend. Doch geht es morgen wirklich so weiter, wie es sich gestern entwickelt hat? Gerade im komplexen Umfeld eines Projekts sollten Sie das sorgfältig prüfen – und besser verschiedene Szenarien entwickeln.

Schritt 4: Planen Zunächst entscheiden Sie, ob überhaupt etwas getan oder der Status quo bestehen bleiben soll. Wenn gehandelt werden soll, gehen Sie die einzelnen Alternativen durch. Untersuchen Sie dabei die möglichen Entscheidungen sowohl einzeln auf ihre Konsequenzen als auch in ihrer Verkettung, wenn mehrere Entscheidungen hintereinander getroffen werden. Was würde dann passieren, wie sähen die Ergebnisse aus? Für diese Planspiele genügen oft Papier und Bleistift, manchmal sind aber auch Planungsmethoden wie zum Beispiel die Netzplantechnik notwendig. Doch die Methode ist auch hier nicht das Entscheidende: Worauf es ankommt, ist eine Grundhaltung, die davon ausgeht, dass Pläne niemals perfekt sind.

Schritt 5: Effektkontrolle und Reflexion Die Entscheidung ist getroffen – der Entscheidungsprozess damit jedoch noch nicht abgeschlossen. Denn der spannende Moment, in dem sich zeigt, wie belastbar die Hypothesen, Szenarien und Planungen waren, steht ja erst noch bevor. Was passiert nun? Welche Rückkopplungen werden beobachtet? Nur wenn Sie kontrollieren, ob tatsächlich eingetreten ist, was Sie bei Schritt 4 angenommen haben, können Sie reaktionsfähig bleiben. Angesichts des Ergebnisses können Sie dann auch den Entscheidungsprozess selbst überprüfen: Gibt es Teilschritte, die verändert werden sollten?

Vorsicht Rückfallgefahr! Es ist bei der Beschreibung des Entscheidungsprozesses bereits angeklungen: Projektleiter, die ihr Projekt unter den Bedingungen des Rückkopplungsmodells managen, laufen immer wieder Gefahr, in die alten und mächtigen Wenn-dann-Muster zurückzufallen. Um das zu verhindern, um also auch in komplexen und unsicheren Situationen dauerhaft entscheidungsfähig zu bleiben, lohnt es sich, folgende „Fallen" im Blick zu behalten (Dörner 2008, S. 306 ff.):

Vorgeprägte Einstellungen führen dazu, dass in komplexen Situationen bei der Ziel- und Hypothesenbildung nur die Themen bearbeitet werden, die man schon kennt. Das Erfahrungswissen erweist sich hier nicht als positive Grundlage, um Neues zu erschließen, sondern als Abschottungsmechanismus.

Die beste Prognose ist der Trend. Es werden Rückschlüsse von heute auf morgen gezogen, ohne zu prüfen, ob sich zentrale Variablen wirklich stabil verhalten.

Die *Zentralidee* unterstellt, dass alles von einer einzigen mächtigen Variablen abhängt („Hätten wir diesen Test erfolgreich bestanden, wäre alles anders gekommen"). Damit wird die Komplexität in einem grandiosen Schritt auf einen einzigen kausalen Zusammenhang reduziert.

Magische Hypothesen sind die Zwillinge der Zentralidee. Sie erschweren es, unterschiedliche Hypothesen zu bilden, weil sie bei einer „überzeugenden" Hypothese stehen bleiben. Diese Hypothesen sind bestechend klar und vermitteln den Eindruck: „Ja, so muss es sein! So muss es einfach funktionieren!"

Die *Unterschätzung des zeitlichen Vorlaufes* führt zu dem Fehlschluss, dass Ergebnisse ausbleiben. Die Entscheidung ist getroffen, nur die Auswirkungen (Rückkopplungen) lassen auf sich warten. Gerade bei engen Zeitfenstern verfestigt sich der Eindruck, „wenn sich nichts tut", sehr leicht zum abschließenden Urteil: „Dann wird das nichts!"

Friktionismus ist einer der Klassiker der vorschnellen Komplexitätsreduktion: „Das haben wir schon oft versucht – das geht hier nicht!", ist dann zu hören. Einschränkungen nach dem Motto „Im Prinzip ja, aber …" bestimmen die Szene.

Bei der *Generalisierung lokaler Erfahrung* wirkt ein grundsätzlich sinnvoller Mechanismus, nämlich die Übertragung positiver Erfahrungen in einen neuen Kontext. Es gilt jedoch misstrauisch zu sein, wenn diese Erfahrung als generell gültig und wirksam postuliert wird. Selbst wenn eine Hypothese unter Laborbedingungen erfolgreich ist, bedeutet das nicht, dass in anderen Situationen nicht völlig unerwartete Rückkopplungen am Werke sind.

Die *Ad-hoc-Aktivität* ist die wohl häufigste Rückfallgefahr. Dabei wird der Projektmanager von seinen Macherqualitäten „erwischt" – nach dem Motto: „Es gibt viel zu tun, packen wir's an!" Mit Planen beschäftigt man sich dann gar nicht erst.

Erfahrene Seebären nutzen das Wissen um diese Strudel und verbinden dies mit ihrer aktiven Steuerung der Gruppendynamik (vgl. Kap. 5). Die Teamrolle des sogenannten Perfektionisten eignet sich gut, um den Entscheidungsprozess zu reflektieren und auf die oben genannten Fallen zu achten!

7.2.3   Projektführung: Das Ganze ist mehr als die Summe seiner Teile

Wenn Sie als Projektleiter auch bei Gegenwind Ihr Projekt erfolgreich führen wollen, behalten Sie das gesamte System im Blick! Denn Sie haben es mit dem Phänomen der Emergenz zu tun, das einen Projektleiter vor eine schwierige Herausforderung stellt.

Um das Phänomen der Emergenz zu verstehen, ist es sinnvoll, ein wenig auszuholen. Wenn sich Menschen einer Organisation anschließen oder selbst eine Firma gründen, verzichten sie freiwillig auf Handlungsoptionen, die sie individuell hätten ausüben können. Denn innerhalb einer Organisation müssen sie sich an Regeln wie zum Beispiel Arbeitszeiten, Fachsprache oder Kommunikationsvereinbarungen halten, die das Zusammenarbeiten erst möglich machen. Sie verzichten also auf einen Teil ihrer individuellen Freiheit und sind zur Kooperation bereit, wenn sie in ein Unternehmen eintreten (oder Mitglieder eines Netzwerkes werden).

Damit nicht genug: Mit ihrem Eintritt in die Organisation entsagen sie nicht nur eigenen Vorlieben (zum Beispiel nur Deutsch zu sprechen oder immer sonntags zu arbeiten), sondern akzeptieren auch, dass andere Einfluss auf ihre Handlungen nehmen, indem sie z. B. als Führungskräfte regeln, strukturieren und steuern.

Warum sind Menschen bereit, das alles auf sich zu nehmen? Einmal abgesehen von der Tatsache, dass sie für ihre Arbeit entlohnt werden, gibt es vor allem einen Grund: Sie erwarten von der Kooperation in der Organisation neue, für sie persönlich attraktive Möglichkeiten, die ihnen ansonsten nicht zur Verfügung stünden!

Tatsächlich sind diese Möglichkeiten vielfältig. Da können Spezialisten für Design und Konstruktion nun mit Spezialisten für Produktion gemeinsam daran arbeiten, dass aus ihren CAD-Entwürfen auch etwas Gegenständliches wird. Oder ein genialer Forscher erhält endlich das Labor mit den Mitarbeitern, um an seiner nobelpreisverdächtigen Entwicklung zu arbeiten. Und der ambitionierte BWL-Absolvent kann nun in einer Organisation arbeiten, bei der er sich in seinem Spezialgebiet, der sachgerechte Konsolidierung von Minderheitenbeteiligungen im Ausland, einbringen kann.

Es entsteht für die Beteiligten also ein Kooperationsgewinn, der die arbeitsteilige Organisation attraktiv macht. Für diesen Gewinn wird die Eintrittskarte in Form des Verzichts auf individuelle Freiheit gern gelöst. Das individuelle Verhalten der Einzelpersonen bringt aber auch Vorteile für die Organisation: Auch für sie entsteht ein Kooperationsgewinn. Denn mit dem Eintritt der Mitarbeiter erhält sie mehr als nur eine gewisse Anzahl an Spezialisten. Weil die verschiedenen Eigenschaften der Mitarbeiter miteinander gekoppelt werden und zusammenwirken, entsteht für die Organisation ein höherer Wert als die bloße Summe der Eigenschaften. Dieser durch Kooperation entstehende Mehrgewinn wird Emergenz genannt.

Das Phänomen der Emergenz spielt für Projektleiter eine große Rolle: Nahezu mit allen wesentlichen Themen, zum Beispiel wenn es um Zielklärungen, Änderungen von Plänen, Konflikte oder die Bearbeitung von Widerständen geht, „bedroht" der Projektleiter mit seinem Verhalten die Emergenz der Organisation: Er stört die Organisation mit ihrem austarierten Zusammenspiel von gekoppelten Mitarbeiterressourcen und deren Rückkopplungen. Hiergegen wehrt sich die Organisation, weil sie den Kooperationsgewinn nicht aufs Spiel setzen möchte.

Mit anderen Worten: Organisationen richten ihr Augenmerk und einen Großteil ihrer Energie auf die Selbsterhaltung der Strukturen, um die Emergenz und damit den Kooperationsgewinn zu sichern. Die meisten Projektaufträge stellen jedoch eben diese Strukturen in Frage – was erklärt, warum Projekte die Organisation irritieren. Erweckt ein Projekt den Anschein, dass es die bestehende Struktur stören wird und kann es nicht gleichzeitig glaubhaft darlegen, dass am Ende eine neue Struktur entsteht, die wieder mehr als die Summe ihrer Teile ist, dann wird sich die Organisation wehren: Sie möchte den Emergenzgewinn verteidigen.

7.2.4 Dem Gegenwind mit seemännischer Gelassenheit begegnen

Das Phänomen der Emergenz erklärt, warum bei Gegenwind im Projekt Einzelgespräche wenig Aussicht auf Erfolg haben: denn die Ursache für Widerstände liegt meist nicht bei irgendwelchen „schwierigen Eigenschaften" einzelner Mitarbeiter, sondern im komplexen Zusammenspiel von Mitarbeiterressourcen und deren Rückkopplungen – einem Zusammenspiel, aus dem die Mitarbeiter ebenso wie die Organisation einen Kooperationsgewinn ziehen.

Als Projektleiter müssen Sie deshalb dafür sorgen, dass dieses Zusammenspiel erhalten bleibt – und der Organisation damit versichern, dass sie weiter erfolgreich bestehen kann. Darin liegt einer der wichtigsten Erfolgsfaktoren der Projektarbeit: als Projektleiter immer mit einer emergenten Situation zu rechnen. Wenn Sie hieran denken, setzen Sie künftig weniger auf „klärende Gespräche" mit einzelnen „problematischen" Mitarbeitern, sondern lenken Ihre Aufmerksamkeit in seemännischer Gelassenheit auch auf das Zusammenspiel des Projekts mit der Organisation.

7.3 Management des Unerwarteten – Der Weg des Herkules

Ein Projekt steht vor der Herausforderung, Neues zu schaffen und dieses Neue am Ende auch in die Gesamtorganisation zu integrieren. Zu den Kernaufgaben der Projektarbeit zählt daher der Wissenstransfer innerhalb des Projekts und auch vom Projekt zur Gesamtorganisation. Es gilt, unter den besonderen, temporären Rahmenbedingungen Ziele zu erreichen und Probleme zu bewältigen. Eine wahre Herkulesaufgabe!

Anhand dieser Herkulesgeschichte lässt sich gut darstellen, dass bei komplexen Problemen das lineare Modell zu kurz greift: Eine Lösung ist auf der Wenn-dann-Ebene nicht möglich, der Herkules sucht deshalb nach einer Lösung zweiter Ordnung – das heißt, er steigt auf das anspruchsvollere Rückkopplungsmodell um.

Immer versucht der Herkules zunächst die gestellte Aufgabe mit gewohnten Mitteln zu lösen. Dann gerät er in eine existenzielle Krise, in der es um Leben und Tod geht. Festhalten an Gewohntem könnte ihn das Leben kosten – er muss sich dem Neuen öffnen. Dann kehrt der Herkules entweder als geläuterter Weiser heim, oder er scheitert endgültig.

Das Muster der Herkulesgeschichte lässt sich immer dann auf Lernprozesse in Projekten und bei Projektmanagern übertragen, wenn es um das Management des Unerwarteten geht. Der Herkules erlebt einzelne Etappen auf dem Weg zum Ziel.

Der Alltag. Der Herkules leitet ein Entwicklungsprojekt. Aktuell läuft alles im Plan, es dominieren die üblichen bekannten Aufgaben, die mit der vorhandenen Kompetenz in gewohnten Lösungswegen bewältigt werden können.

Der Ruf des Schicksals erfolgt, zum Beispiel in Form eines Auftraggebers, der verlangt, das Projektende um 15 Wochen vorzuziehen. Da die neue Vorgabe gut begründet und im Übrigen auch nicht zu ändern ist, behandelt der Projektleiter das neue Terminziel als Change Request.

Der Herkules zieht hinaus in die Organisation und klärt diesen Change Request in einem transparenten Prozess. Er bekommt nun zusätzliche Ressourcen, damit die Entwicklung schneller vorangeht. Diese Lösung erster Ordnung („bei einem engeren Zeitplan nehme ich mehr Ressourcen in das Projekt, um schneller zu werden") wird umgesetzt.

Im ersten Kampf stößt unser Herkules auf Schwierigkeiten aus dem Teilprojekt Entwicklung. Zu seiner Überraschung gibt es *Rückschläge und Misserfolge,* denn trotz der zusätzlichen Ressourcen „holt" das Entwicklerteam keine Zeit auf. Im Gegenteil, das Teilprojekt gerät sogar noch weiter in Terminverzug.

Der Herkules zieht sich zurück, um nachzudenken. Was ist passiert? Er bekommt *Hilfe und Rat von wohlmeinenden Kräften,* die ihm helfen wollen, aber tatsächlich nur Variationen des gewohnten Lösungsweges vorschlagen: Er solle einfach mal auf den „Tisch hauen" oder den Teilprojektleiter ablösen, raten einige, während andere empfehlen, in einem Teamworkshop die Kommunikation und Zusammenarbeit im Entwicklerteam unter die Lupe zu nehmen.

Die Krise: Unser Projektherkules nimmt sich die Ratschläge zu Herzen und inszeniert den Workshop und – als die erhofften Ergebnisse ausbleiben – wechselt den Teilprojektleiter aus. Doch das Projekt gerät immer mehr in Verzug. Unmut macht sich breit. Die alte Lösung erster Ordnung funktioniert nicht; der Herkules scheitert, weil er kein Repertoire besitzt, das der neuen Situation angemessen ist.

Offenheit für Alternativen: Der gestrauchelte Herkules reflektiert nun bewusst sein Scheitern. Er setzt sich mit den offenen Themen auseinander – und öffnet sich damit einer neuen Haltung (Lösung zweiter Ordnung), die Rettung bringt. Im konkreten Fall erkennt er, dass das Brooksche Gesetz „Adding manpower to a late project makes it later" (Schelle 2004, S. 2299) am Werke war: Er gelangt zu der Erkenntnis, dass das zusätzliche Personal von den Projektmitarbeitern erst eingewiesen werden muss und sich dadurch die Kapazität für die eigentliche Entwicklungsarbeit zunächst verringert. In einer gut vorbereiteten Projektbesprechung erörtert er die Einarbeitungspläne und erarbeitet einen Terminplan, der zwar nicht mehr die geforderten 15 Wochen, aber immerhin eine Vorverlegung des Endtermins um 6 Wochen vorsieht.

Der Herkules wird zum Weisen, besinnt sich auf sein Erfolgsgeheimnis und macht sich auf den Rückweg zum Auftraggeber, mit dem er die neue Situation erörtert. Beide verstehen nun, dass die eigentliche Aufgabe darin liegt, die neuen Mitarbeiter zunächst in die Entwicklungsaufgabe einzuarbeiten – dass nur so die zusätzlichen Ressourcen dem Projekt nützen werden. Der Auftraggeber akzeptiert die neue, nur um sechs Wochen vorgezogene Terminplanung.

Ein Sieg wird gefeiert, denn das Projekt schafft es sogar, einen um acht Wochen verkürzten Termin einzuhalten.

Was war passiert? Um Abweichungen vom gewünschten Zustand zu beheben, hat der Projektleiter zunächst bewährte, „logische" Strategien der Problemlösung gewählt, die sich direkt auf konkrete Schwierigkeiten beziehen. Sie stammten aus der Erfahrung und waren in der Praxis bisher immer erfolgreich. „Wenn es schneller gehen muss, setze ich mehr Leute ein", lautete in diesem Fall die Erfahrung.

In der Regel greifen solche Lösungen erster Ordnung auf das lineare Denkmodell zurück. Es wird versucht, Wenn-dann-Beziehungen zu erzeugen: Eine Krise bahnt sich an, wenn ein Mehr desselben Mittels nicht zum gewünschten Ergebnis führt. So erging es dem Projektleiter, der innerhalb desselben Systems intervenierte, indem er den Workshop einberief und den Teamleiter austauschte, um das Projekt auf den neuen Terminkurs zu bringen.

Die am Ende erfolgreiche Maßnahme kam dann aus einer anderen Denkka-
tegorie. Die „weise" Einsicht, das Brooksche Gesetz könnte hier wirken, richtete
den Blick des Projektleiters weg von der puren Anzahl der Personen im Projekt
hin zur aktuellen Leistungsfähigkeit des Gesamtprojekts. Die Problemlage wird in
einen neuen, weiteren Rahmen gestellt („Das kann man ja auch ganz anders sehen").
Plötzlich empfinden Projektleiter und Auftraggeber vorher undenkbare Alternativen als realistisch – nämlich die Vorverlegung des Projektendes von 15 Wochen auf
machbare 6 Wochen zu reduzieren.

7.4   Fazit: Postheroisches Projektmanagement

In diesem Kapitel haben Sie zwei Herangehensweisen kennengelernt, um ein Projekt zu managen – das lineare Modell und das Rückkopplungsmodell. Ersteres
könnte man auch als heroisches Modell charakterisieren, bei dem der Projektleiter
zweifellos tapfer, aber nicht gerade klug und weise agiert: Weil er die komplexen
Verhältnisse eines Projektes ausblendet, läuft sein Management Gefahr, zu einem
aussichtslosen Kampf gegen Windmühlen zu werden. Das zweite Modell lässt sich
dagegen als postheroisches Modell bezeichnen (Wimmer 2009); es benötigt keinen
tapferen Helden mehr, der die im Projekt auftretenden Überraschungen und unvermeidlichen Widerstände niederkämpft. Stattdessen versteht es der Projekt-Kapitän,
sein Schiff auch bei Gegenwind mit seemännischer Gelassenheit zu steuern und in
den Zielhafen einzulaufen.
    Ein solcher Projektleiter verzichtet auf die Vorgaben einer „Planwirtschaft", wie
sie im Projektmanagement noch immer gelehrt wird. Anstatt sich den Blick durch
lineare Methoden einzuengen, nimmt er aufmerksam alle Ereignisse und Signale
auf, die er im Zusammenhang mit seinem Projekt beobachtet. Dabei unterscheidet
er sich vor allem in fünf Punkten von seinem Kollegen, der sein Projekt nach dem
Wenn-dann-Muster führt:

- Er arbeitet mit Beschreibungen, anstatt von einer „objektiven Wahrheit" auszuge-
  hen. Für ihn gibt es nicht die Realität, sondern eine Vielfalt von möglichen Sichtweisen. Projektmanagement-Modelle haben für ihn keinen normativen Charakter, sondern nur einen Orientierungswert. Sie schärfen den Blick, ohne ihn zu
  begrenzen.
- Er denkt in Alternativen, anstatt nach eindeutigen Lösungen zu suchen. Er
  handelt nicht im Entweder-oder-Modus, sondern in Kategorien von Sowohl-
  als-auch. Bevor er entscheidet, formuliert er Hypothesen und beobachtet genau,
  welche Rückkopplungen eine Entscheidung auslöst.

- Er setzt auf Vernetzung statt auf lineare Kausalketten – und behält so Rückkopplungen und die dahinter liegenden Prozesse im Griff. Von vordergründigen Inhalten, die in Ursache-Wirkungsbeziehungen verknüpft sind, lässt er sich nicht blenden. Statt die Dinge starr festzuhalten, fokussiert er sich auf dynamische Beziehungen und Prozesse.
- Er entscheidet unter Risiko, anstatt bei unerwarteten Situationen entscheidungsunfähig zu sein. Unentscheidbare Entscheidungen zieht er trotz ihrer unerwünschten Nebenwirkungen dem Abwarten vor.
- Er weiß, dass die Leistung ein Erfolg des Systems „Projekt" ist, das er gestaltet. Weshalb er selbst auch öfter in den Hintergrund tritt, geeignete Rahmenbedingungen beim Auftraggeber und den anderen Stakeholdern schafft, die Selbstorganisation des Teams stärkt und mit Sinn und Zusammenhang motiviert.

Ohne Zweifel sind das hohe Anforderungen. Als Projektleiter arbeiten Sie am Projekt, setzen sich mit Ihrem Team auseinander und müssen mit vielfältigen Interessen umgehen – mit all dem, was ich in diesem Buch beschrieben habe. Das allein wäre ja schon anspruchsvoll genug.

Zu den Anforderungen auf Projektebene kommt jedoch noch eine zweite Ebene hinzu: die Ihrer eigenen Fähigkeiten zur Selbststeuerung. Denn auch Sie selbst sind als Projektleiter den Rückkopplungskräften ausgesetzt. Dabei besteht vor allem die Gefahr, in das alte Wenn-dann-Muster zurückzufallen. Sinnvolles Projektmanagement heißt deshalb, nicht nur das Projekt, sondern auch die eigene Haltung zu managen.

Mit beiden Anforderungsebenen souverän umzugehen ist die große Herausforderung. Genau das ist der Grund, warum ich beim Projektmanagement gerne von der Königsdisziplin der Führung spreche.

Wirksame Projektführung braucht keine Helden 8

▸ Immer wenn es schwierig wird, immer wenn besondere Leistungen verlangt werden, wenn etwas ganz besonderes passieren muss, dann betreten sie die Bühne: Helden. Sie verbringen große Taten und in früheren Zeiten wagten sie für andere sogar ihr Leben. Dieses Heldentum ist tapfer, aber angesichts der Komplexität im Projektumfeld nicht klug.

Projekte zu führen ist ein hoch attraktive Aufgabe für einen Typus von Führungskräften, die ich Managementhelden nenne. Diese Helden betreten die Bühne immer dann, wenn es schwierig wird, wenn besondere Leistungen verlangt werden und etwas ganz Wichtiges passieren muss. Kein Wunder also, dass gerade die Projektarbeit viele Managementhelden anzieht.

Das ist allzu verständlich, weil heldenhafter Einsatz fast immer hoch gelobt wird. Oder haben sie schon einmal erlebt, dass ein Projekt-Kapitän dafür gefeiert wurde, dass er das Schiff unter Einhaltung des Budgets und zur vereinbarten Qualität pünktlich in den Hafen gesteuert hat? Nein, diejenigen, die Stürme überstanden, Untiefen umschifft und mit einen Leck immer noch weiter volle Fahrt machten werden in den Betriebsversammlungen und wöchentlichen Mails des Vorstandes meist lobend hervorgehoben!

Managementhelden sind beliebt, denn sie organisieren, schaffen weg und bringen zu Ende, wo andere längst nicht mehr weiter gemacht hätten. Damit kompensieren sie persönlich häufig Themen, die in der Struktur des Unternehmens selbst nicht sinnvoll organisiert sind.

Sie opfern sich zum Wohle der Projektaufgabe an einer ungeregelten Schnittstelle zwischen Fachabteilungen auf, indem sie durch ungeheuren persönlichen Einsatz die Brücke zwischen diesen Abteilungen bilden. Aber der Graben zwischen den Abteilungen bleibt bestehen!

Sie versuchen sich durch persönliche Kommunikation überall direkt abzusichern und machen dann fast alles doch gleich selbst, statt das Fehlen von

O. Hinz, *Der Projekt-Kapitän*, DOI 10.1007/978-3-658-01451-3_8,
© Springer Fachmedien Wiesbaden 2013

(Budget-)Befugnis, (Mitarbeiter-)Zuständigkeit und (Top-Management-)Zugang zu thematisieren.

Sie erfinden das Rad neu, statt nicht funktionale Prozesse, Rollen und Werkzeuge offen zu legen.

Klar, warum Projekthelden bei der Geschäftsführung beliebt sind. Sie sorgen dafür, dass trotzdem alles läuft!

8.1   Helden sind Getriebene

Es ist faszinierend zu beobachten, wie eigentlich demotivierende Themen die Managementhelden anziehen wie Motten das Licht.

- **Planwirtschaft statt Führung**
  Von diesem Phänomen war schon in Kap. 7 die Rede. Wenn Geplantes zur Wirklichkeit wird und sich einmal getroffene Entscheidungen als einzige Wahrheit zementieren, obwohl sich die Rahmendaten längst geändert haben, dann herrscht das Wenn-Dann Muster. Projekt-Kapitäne erleben das, wenn ihr erster, vorsichtiger Ausblick auf die Zielerreichung anlässlich des Kick-Off Meetings bereits als sicheres Projektergebnis in das Controlling eingepflegt wird.
  Managementhelden fühlen sich dem linearen Denkmodell verpflichtet und machen alles, damit das „Erfolgsversprechen" aus dem Kick-off auch erfüllt wird – in vielen Fällen leider auch nach dem Motto „koste es was es wolle". Gelbe oder rote Ampeln im Berichtswesen sind für sie immer Anlass, die Scharte auszuwetzen und fast nie der Zeitpunkt für eine „Realismus" Diskussion mit den Auftraggeber. Sie blenden aus, dass Projektführung bedeutet, die unentscheidbaren Entscheidungen zu treffen und Change Requests sowie Claim Management als selbstverständliche Bestandteile zu nutzen. Denn Pläne exekutieren könnten auch Maschinen!
  Um nicht missverstanden zu werden: Ich wende mich nicht gegen strukturiertes Projektmanagement und gegen die entsprechenden Tools und Methoden. Sondern gegen deren blauäugige und mechanistische Anwendung. Große Projekte sind ohne Projektmanagementsoftware nicht effektiv durchzuführen, weil der notwendige Überblick nicht mehr zu erreichen wäre. Mein Rat ist, Planungstools und Checklisten als das zu nutzen, was sie sind: Methoden der Unterstützung.
- **Motivation als Heldentat**
  „Sie sind der Projektleiter, dann sogen Sie mal für Motivation im Projekt", ist ein von Managementhelden gern gehörter Satz des Auftraggebers. Nun ist der Kern des Heldenhaften angesprochen: dass nur ich es erreichen kann und das es nur

auf mich ankommt. Und so entsteht ein verführerisches Bild vor dem geistigen Auge des Projekt-Kapitäns: wenn ich die richtige Ansprache oder Motivationsmethode und erfolgreichen psychologischen Kniff anwende, dann gelingt mir die Team Motivation natürlich.

Solch ein Sicht auf das Thema Motivation ist grandios, sicher auch tapfer, aber nicht klug. Denn Mitarbeitermotivation ist eine „unmögliche Aufgabe", wie ich in Kap. 5 bereits gezeigt habe.

- **Copy and Paste**
  Noch immer werden historische Konzepte der hierarchischen, personenzentrierten Führung auf den Projektkontext übertragen. Die Anhänger dieser Charaktertheorie (sog. Great Man Theory) stellen wesentlich auf die individuellen Fähigkeiten als Bestimmungsfaktoren der Führungsfähigkeit ab. Es seien vor allem die stabilen Charaktereigenschaften, die gute von schlechten Führungskräften unterscheiden. Genannt werden häufig folgende: Pflichtbewusstsein, Verbindlichkeit, emotionale Stabilität, eine starke Wettbewerbs- und Zielorientierung sowie ein selbstbewusstes, z. T. dominantes Auftreten.

  Wenn es also vor allem auf meinen Charakter und meine (angeborenen) Eigenschaften ankommt, dann stützt das das Selbstbild als Managementheld, denn man ist zum Held geboren.

  Aber Führung im Projekt in heutigen Organisationen unterscheidet sich von der Führung in der Mitte des letzten Jahrhunderts, aus der die Charaktertheorien stammen! Wachsende Kompliziertheit, Vernetzung, Unsicherheit und Komplexität brauchen ein versiertes Führungsverhalten und kein Flüchten in alte, egozentrische Muster.

- **Ressortegoismus in der Matrix**
  beschreibt das (Aus-)Nutzen der oft auftretenden Lücke zwischen Linienführungskräften und Projektleitern in Matrix-Organisationen. Wenn in einem Unternehmen die Anreize vor allem auf das Bereichsergebnis bzw. den Deckungsbeitrag der Abteilung abgestimmt sind, dann hat es die Projektarbeit schwer. Während sich die Leiter der Bereiche, Abteilungen und Fachteams vor allem auf ihren Erfolg in der Linienorganisation konzentrieren, versuchen Managementhelden in ihren Projekten „quer zur Organisation" ihren Auftrag zu bearbeiten.

  Managementhelden betreten dann das Feld, wenn sie das Nicht-Mitmachen von zentralen Linienführungskräften als gegeben akzeptieren und versuchen, dies durch persönlichen Einsatz zu kompensieren. Oft beobachte ich dann auch noch die Rollendynamik „oberster Sachbearbeiter" und „Übervater", über die ich im ersten Kapitel schon berichtet habe.

Eine typische Situation von Ressortdenken ist die Frage nach der geeigneten Mannschaft. Da gilt es achtsam zu sein, wenn einem immer die gleichen Leichtmatrosen angeboten werden. Wahrscheinlich kann die an Land nämlich niemand gebrauchen und schiebt sie daher gern auf das Projektschiff ab.

Das hier – natürlich mit einem Schuss hanseatischer Ironie – beschriebene Heldentum denkt in alten Kategorien des linearen Modells. Projektführung ist aber ein sozialer Prozess in dem gegenläufige Interessen und Gruppendynamik zu erwarten sind. Das Projektschiff zu steuern, bedeutet nicht – wie im vorherigen Kapitel gezeigt – einmal einen Kurs anzulegen und diesen zu halten, sondern „dass da immer noch etwas nachkommt". Das heißt Rückkopplungen und Unvorhergesehenes sind Tagesgeschäft eines Projektleiters.

Angesichts vom Komplexität und Unsicherheit zeigen Managementhelden eine Führungshaltung, die häufig Komplexität mit Kompliziertheit verwechselt und die Person des Projektleiters als Erfolgsfaktor be- und abnutzt. Das erfordert viel Heldenmut, endet aber viel zu oft auch mit dem sprichwörtlichen Heldentod …

8.2 Komplexität …

Erfahrene Seebären wissen es längst: Projekte werden meist nicht nur fachlich als Entwicklungs-, Reengineering oder Innovationsprojektprojekt beauftragt, sondern oft auch mit Veränderungszielen als „Change Projekte" verknüpft.

Sie widmen sich per Definition inhaltlich komplexen, neuartigen Vorhaben und Materien und arbeiten auf mehreren Ebenen gleichzeitig. Da geht es nicht nur um den sachlich-fachlich richtigen Projektgegenstand, sondern auch um Veränderung von Prozessen, Zusammenarbeit, Arbeitsumgebung und oft auch um Kosten, Erlöse, Kunden, Märkte und Strategie.

Gleichzeitig ist Arbeit in Projekten Teil einer gesellschaftlichen Entwicklung, die als Projektumfeld von rasant wachsender Komplexität (Baecker 2007) gekennzeichnet ist.

Die folgende Abb. 8.1 (Hinz und Poczynek 2011) verdeutlicht, auf welchen Ebenen die Komplexität auf Projekte einwirkt. Da gibt es die drei „inneren" Ebenen, nämlich die des Projektmanagers selbst, die des Projektteams und die der Organisation in der das Projekt stattfindet. Hinzu treten die Umwelt des Projektes und die Gesellschaft als „äußere" Ebenen. In diesem Buch ist viel über die inneren Komplexitätssteigerungen gesagt worden, die äußeren sind dem Leser allerdings auch wohlbekannt. Globalisierung, Internationalisierung, Web 2.0, Beschleunigung und Demographie sind da nur die ersten Stichworte. Das Phänomen Komplexität ist sei-

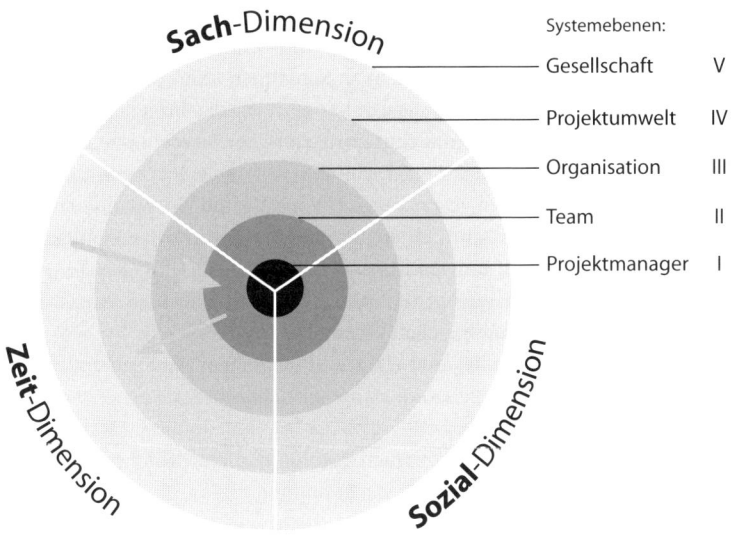

Abb. 8.1 Komplexitätsdimensionen im Projekt

ner Natur nach also mehrdimensional und liefert radikale Neuerungen und erhöht so das Risiko und die Dynamik in Projekten.

Die Veränderung der inneren und äußeren Komplexität multipliziert sich dabei immer häufiger so, dass sich kleine und große Wellen vor unserem Projektschiff zu einer Monsterwelle aufschaukeln können.

Der hohe Anspruch an die Pionierleistung in Projekten lässt Organisationen oft zum ersten Mal die äußere Komplexität erkennen und zum operativen Thema machen. Denn Projekte erkunden das Neue und stoßen ein Fenster zu dem auf, was außerhalb des Unternehmens gemacht, gedacht oder ebenfalls gerade probiert wird.

Gerade wenn die Komplexität im Umfeld des Projektes steigt, kann es rasch zur Überforderung und Scheitern kommen. Dies gilt umso mehr, je weniger in der Phase der Projektinitiierung und -definition eine saubere Umfeldanalyse und Erwartungsklärung zu den Veränderungsdynamiken gemacht wird.

Am Beispiel eines IT- und Change-Projektes wird dies deutlich: Auf der Ebene Gesellschaft wurde die Globalisierung schlagartig in internationalen IT-Projekten spürbar: Die Interkulturalität von Projektteams und deren geografische Verteilung stellen eine ungleich höhere Herausforderung dar als früher gewohnte Arbeitsformen der Programmierung. In der Projektumwelt setzt ein permanenter Innovationsdruck die Softwareentwicklung unter Erneuerungsdruck, was sowohl Produktions- als auch Wertschöpfungsprozesse betrifft. Denn jede technologische Innovation enthält hohe Kosten in Form von nötigen Lernprozessen, Integration mit Bestehendem und die Sicherstellung einer zuverlässigen Qualität. Und nicht zuletzt entstehen laufend neue Kommunikationsmöglichkeiten (Stichwort: Web 2.0 und Social Media), die zu einer Change Aufgabe durch Veränderung von Arbeitsstilen, Reaktionszeiten und Kollaborationsformen von Projektteams führen. Eine neue digitale Medienkompetenz rückt in den Fokus des Projektkapitäns.

Dies deckt sich mit meiner Beobachtung vieler Segeltörns von Freizeitkapitänen, die an einem schönen Tag in Badelatschen schnell mal ein Boot chartern, ohne auf den Wetterbericht, das Segelrevier oder die seemännischen Kenntnisse der Mannschaft zu schauen.

Viele Projekte scheitern daran, dass Unternehmen in die innere und äußere Komplexität „hineinstolpern" und die darin enthaltene Einladung zur Überforderung voll auskosten. Und dies meist aus einem Missverständnis heraus, denn sie glauben, dass es sich nicht um komplexe, sondern nur um komplizierte Themen handelt.

8.3   … ist nicht gleich kompliziert

Mit komplizierten Fragestellungen umzugehen sind Projektmanager und -helden gewohnt und viele dafür zertifiziert und ausgebildet. Dies ist die notwendige Bedingung erfolgreichen Projektmanagements: alle komplizierten Themen, die mit Aufwand, hohem Einsatz und guter Ressourcenqualität „zu knacken" sind, werden mit modernen Methoden, IT-Einsatz und konsequenter Delegation gemanagt.

Aber genauso gilt die hinreichende Bedingung: alle komplexen Themen, die mit teilweiser Unvorhersagbarkeit, Rückkopplungen, „Chaos" und nicht-linearer Dynamik daherkommen, werden mit Alternativen geplant und mit unentscheidbaren Entscheidungen geführt.

Meine Beobachtung ist allerdings, das in typischen Projektschiffen der Maschinenraum mit obersten Sachbearbeitern, Managementhelden und Planwirtschaftlern überfüllt ist. Ob das daran liegt, dass dieser Unterschied zwischen komplex und kompliziert oft nicht verstanden oder übersehen wird?

Auf jeden Fall ist es verständlich, wenn Projektleiter neue Fragestellungen zunächst einmal als kompliziert einstufen. Denn dann kann die Management-Werkzeugkiste herausgeholt werden und das vermeintlich komplizierte Problem wird angepackt. Ein typisches Managementhelden Muster: natürlich besteht die ganze Welt aus Nägeln, wenn man nur einen Hammer hat!

Führung im Projekt muss alle Komplexitätsdimensionen, in denen Projekte stattfinden, bearbeiten (vgl. Abb. 8.1). Sie macht dabei einen wirksamen Unterschied, wenn sie folgende Leitplanken beachtet:

- Komplexität lässt sich nicht reduzieren, sondern das Projektschiff muss auf ihren Wellen navigiert werden.
- Projekt-Kapitän zu sein bedeutet Ambiguitätstoleranz zu haben. Akzeptieren Sie permanente Veränderung und Unsicherheit als Normalzustände und lernen Sie, diese nicht zu negieren oder durch den Nebel von viel Werkzeugeinsatz und operativer Hektik unsichtbar zu machen. So erreichen Sie Glaubwürdigkeit und Wirksamkeit. Denn es ist wie im Märchen von des Kaisers neuen Kleidern: Unvorhergesehenes ist Bestandteil von Projektarbeit, das weiß jeder. Wenn der Projekt-Kapitän dies aber negiert, so wie die Nacktheit des Kaisers im Märchen, beginnen die Zweifel an seiner Wahrnehmungsfähigkeit und Kompetenz.
- Trivialisierung ist also ein reales Verhaltensrisiko für Projektleiter. „Glauben" Sie deshalb nicht blind an Methoden, Best Practices und Erfolgsfaktoren. Nutzen Sie diese notwendigen Mittel vielmehr, um der Komplexität ein „gutes Zuhause" zu geben.

8.4   In Komplexität navigieren

Wirksames Handeln unter Unsicherheit gelingt denjenigen Projekt-Kapitänen besser, die ständig mit einer wachen Selbstbeobachtung arbeiten, um individuelle Muster bzw. ihre persönliche Logik des Misslingens (Dörner 2008) zu erkennen. Auf ungeplante Ereignisse reagieren, für jede neue Situation eine passende Lösung erarbeiten – das verlangt geistige Beweglichkeit. Wirksame Führungskräfte hinterfragen daher ihre Handlungsmuster in regelmäßigen Abständen (Hinz 2011):

1. Welche Verhaltensmuster rufe ich immer wieder in Situationen ab, in denen ich es mit Unerwartetem zu tun habe?
2. Welche Schritte unternehme ich, wenn ich eine Situation teilweise oder gar nicht einschätzen kann?
3. Welche Kriterien und Maßstäbe nutze ich, wenn Planänderungen anstehen?
4. Wann habe ich meine Maßstäbe zuletzt auf Aktualität und strategische Passung überprüft?

5. Wie führe ich meine Mitarbeiter, wenn ich selbst den Weg zum Ziel nicht kenne?
6. Welche Informationen tue ich meistens als unwesentlich ab?
7. Welche Ereignisse ordne ich immer in eine bestimmte Schublade ein?
8. Wie wirken sich meine Erwartungen auf meine Wahrnehmung aus?
9. Welche Beobachtungen machen auch andere – und welche Dinge finden vielleicht nur in meinem Kopf statt?
10. Welche selbst erfüllenden Prophezeiungen sind typisch für mich?

8.5 Grenzerfahrungen und Achtsamkeit

Unter Komplexität zu führen ist keine Frage des Wissens, sondern eine Frage der Haltung und des Könnens. Das bedeutet: Führung in uneindeutigen Situationen kann nicht per theoretischem Input erlernt, sie kann aber praktisch geübt und trainiert werden. Im Bereich des Führungskräftetrainings können Führungssimulationen einen guten Beitrag liefern – vorausgesetzt, die EDV steht nicht im Zentrum der Simulation. Denn spielt sich die Simulation rein am Computer ab, richtet sich das Augenmerk der Trainingsgruppe zu häufig auf die Eingabe der „richtigen" Antworten. Besser sind Ansätze, die die persönliche Interaktion in den Mittelpunkt stellen und Situationen schaffen, in denen sich die Teilnehmer „in die Augen sehen" und erfahren, wie sie unter Unsicherheit reagieren.

Daneben sind regelmäßige Lessons-learned-Workshops und kollegiale Beratungsgruppen ein wirksames Mittel, die notwendigen Fähigkeiten laufend hoch zu halten.

Und nicht zuletzt ist Coaching ein nützliches Mittel, um die notwendige Haltung zu etablieren und das Verhaltensrepertoire in ungewissen Managementsituationen zu verbreitern.

Welche Methode auch immer gewählt wird: Entscheidend ist der Wille des Projekt-Kapitäns, sich wirklich zu neuen Ufern aufzumachen. Wie aber diese Ufer im Einzelnen aussehen – das ist naturgemäß ungewiss.

8.6 Seemännische Gelassenheit wirkt

Öffnen wir also einen neuen Blick auf die Tätigkeit der Projektleitung: Mit unternehmerischer Perspektive eine neuartige Tätigkeit so zu steuern, dass die Komplexitätswelle navigierbar bleibt! Erfolgreiches Projektmanagement beginnt weit vor

dem Kick-off. Statt ausgefeilte Pläne zu schmieden, gehen erfolgreiche Projektmanager mit seemännischer Gelassenheit hinaus in die Organisation und sichern Ihr
Projekt direkt und persönlich ab. Wach und kooperationsbereit bilden sie Koalitionen der Willigen, jonglieren mit unterschiedlichen Interessen und kümmern sich
aktiv um die laufenden Veränderungen im Projekt.

Streng nach Plan geführte Projekte sind wie in die Dose gepresstes Fleisch: in
Form gebracht und in Struktur gepresst! (Hinz und Poczynek 2011). Dem Dosen-
fleisch fehlt die Würze des aktuellen Kontextes und die Kommunikation mit und
aus dem Umfeld. Statt also aus der Konserve zu leben, empfehle ich Projektleitern
hinaus zu gehen in die Organisation und „das Ohr auf der Schiene" zu haben. Tatsächlich wird die Führungsaufgabe eines Projektleiters oft nicht als Hauptaufgabe
erkannt, sondern hinter fachlichen Anforderungen zurückgestellt, ob nun von Vorgesetzten, Mitarbeitern oder gar den Projektleitern selbst.

Projekt-Kapitäne bleiben auf der Brücke, wenn in uneindeutigen Situationen die
Komplexitätswelle rollt. Denn da braucht es Führung und Entscheider, die nicht auf
die Checklistenkategorie „richtig"/„falsch" zurückfallen, sondern unter Risiko das
bisher Unentschiedene entscheiden. Der Maschinenraum kommt allein zu Recht
oder wird sich melden.

Wer so agiert, der braucht Planungstools und Checklisten nur als das, was sie
sind: Methoden der Unterstützung. Ausschlaggebend sind für ihn das Verhalten als
gelassener Projekt-Kapitän und der Wille, die Menschen im Projekt zu führen.

Gelassenheit zu wahren fällt auch demjenigen leichter, der erkennt: Die Verursa-
cher von Planänderungen sind nicht als Schuldige einer Abweichung abzustempeln
(Hinz 2011). Vielmehr liefern sie neue und wichtige Informationen über das, was
sich draußen verändert. Und schließlich verhilft es zur nötigen seemännischen Gelassenheit zu wissen: Natürlich wäre es perfekt für die Zielerreichung, wenn man zu
hundert Prozent richtig auf das Neue reagierte. Eine solche Reaktion aber braucht
meist so viele Informationen, dass diese „richtige" Reaktion oft zu spät käme – und
somit nicht mehr wirtschaftlich sinnvoll wäre. Es hat also betriebswirtschaftlich
Sinn, dass Projekt-Kapitäne in unerwarteten Situationen die wirksame und sinnvolle Lösung der perfekten vorziehen.

Gelassene Kapitäne bewahren in der schwierigen Situation Ruhe, strahlen diese
aus und stabilisieren so die Lage.

Und auf der Kommandobrücke stehen daher neben dem Radar die sechs Leit-
sätze, wie das Projektschiff auf Kurs gehalten wird:

1. Variantenreiche Führung und klare Rollen verhindern Schlagseite
2. Nur wer aktiv kommuniziert, kann auch das Ruder in der Hand haben

3. Sinn und Zusammenhang, d.h. die Motivation der Besatzung bestimmt das Tempo
4. Bei wechselnden Winden an das Kreuzen denken
5. Heldentum ist tapfer aber meist nicht klug
6. ... und: Projekte führen bedeutet: Es kommt immer noch was nach!

Literatur

Backhausen, W., Thommen, J.-P., Coaching, Wiesbaden 2004.

Baecker, D., Studien zur nächsten Gesellschaft, Berlin 2007.

Belbin, M., Team Roles at Work, Oxford 1993.

Berschneider, W., Sinnzentrierte Unternehmensführung, Lindau 2003.

Csikszentmihalyi, M., Das Geheimnis des Glücks, Stuttgart 2008.

Doppler, K., Über Helden und Weise, in: Organisationsentwicklung, 2/2009, S. 4–13.

Doppler, K., Fuhrmann, H., Lebbe-Waschke, B., Voigt, B., Unternehmenswandel gegen Widerstände, Frankfurt 2002.

Doppler, K., Lauterburg, C., Change Management, Frankfurt 2002.

Dörner, D., Die Logik des Misslingens, Hamburg 2008.

Drucker, P., Was ist Management?, Berlin 2005.

Frankl, V., Der Mensch vor der Frage nach dem Sinn, München 1979.

Gernert, C., Agiles Projektmanagement, München 2003.

Glasl, F., Konfliktmanagement, Bern 2004.

Grasl, O., Rohr, J., Grasl, T., Prozessorientiertes Projektmanagement, München 2004.

Harpham, A., Williams, G., PRINCE2 – the facts, in: projekt-management aktuell 03/2006, S. 41–46.

Hersey, P., Blanchard, K., Johnson, D., Management of Organizational Behaviour, Upper Saddle River 2001.

Hertzberg, F., Work and the Nature of Man, Ty Cowell 1966.

Hinz, O., Gleichgewichtiges Projektmanagement, in: HMD – Zeitschrift für Wirtschaftsinformatik, 285/2007.

Hinz, O., Führung im Projekt, in: Handbuch PersonalEntwickeln, 122 Erg. Lfg., Juni 2008.

Hinz, O., Fahrplan für flexible Führung – Management des Ungewissen, in: managerSeminare 07/2011, S. 18–24.

Hinz, O., Poczynek, J., Wider die zunehmende Verdosung des Projektmanagements, in: Organisationsentwicklung 01/2011, S. 71–76.

O. Hinz, *Der Projekt-Kapitän*, DOI 10.1007/978-3-658-01451-3,
© Springer Fachmedien Wiesbaden 2013

Jetter, W., Performance Management, Stuttgart 2000.

Kühl, S., Schnelle, T., Schnelle, W., Führen ohne Führung, in: Harvard Business Manager, 01/2004, S. 7–79.

Lewin, K., Field Theory in Social Science, New York 1951.

Malik, F., Führen, Leisten, Leben, München 2001.

Maslow, A., Motivation und Persönlichkeit, 10. Aufl., Reinbek 2002.

Office of Government Commerce (OCG), Erfolgreiche Projekte mit PRINCE2, London 2008.

Peters, T. J., Waterman, R., In Search of Excellence, New York 1982.

Project Management Institute (PMI), A Guide to the Project Management Body of Knowledge, 3. Auflage, 2003.

Rüegg-Stürm, J., Gritsch, L., Die Bedeutung von Ritualen in Prozessen organisationalen Wandels, in: Nagel, E. (Hrsg.): Welchen Wandel wollen wir?, Chur 2003.

Schelle, H., Projekte zum Erfolg führen, München 2004.

Schelle, H., Ottmann, R., Pfeiffer, A., ProjektManager, Nürnberg 2005.

Schuler, H., Prochaska, M., Leistungsmotivationsinventar, Göttingen 2001.

Seibert, S., Agiles Projektmanagement, in: projektmanagement aktuell 01/2007, S. 41–49.

Simon, F. B., Einführung in Systemtheorie und Konstruktivismus, Heidelberg 2006.

Tuckmann, B. W., Developmental Sequence in Small Groups, in: Psychological Bulletin, 63/1965, S. 384–399.

von Förster, H., KybernEthik, Berlin 1993.

von Mutius, B., Die andere Intelligenz, in: Revue für postheroisches Management, 4/2009, S. 6–15.

Wald, A., Projektwissensmanagement, Göttingen 2008.

Wanner, R., Projekt-Risikomanagement, books on demand 2007.

Weick, K. E., Sutcliffe, K. M., Das Unerwartete Managen, Stuttgart 2007.

Wimmer, R., Die Zukunft von Führung, in: Organisationsentwicklung, 4/1996, S. 46–57.

Wimmer, R., Führung und Organisation – zwei Seiten ein und derselben Medaille, in: Revue für postheroisches Management, 4/2009, S. 20–33.

Wunderer, R., Führung des Chefs (Führung von unten) – Einflussstrategien, in: Domsch, M., v. Rosenstiel, L., Regnet, E. (Hrsg.): Führung von Mitarbeitern, Stuttgart 2003.

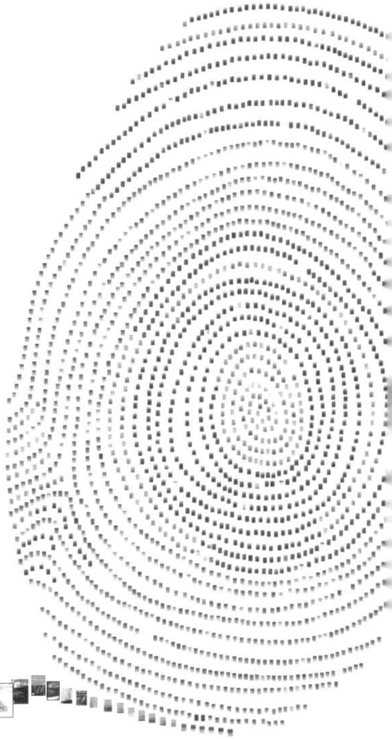